动物疾病防控
与饲料青贮技术

王多全　曹广宁　主编

甘肃科学技术出版社

图书在版编目（ＣＩＰ）数据

动物疾病防控与饲料青贮技术／王多全，曹广宁主编. -- 兰州：甘肃科学技术出版社，2021.2
ISBN 978-7-5424-2561-4

Ⅰ．①动… Ⅱ．①王… ②曹… Ⅲ．①动物疾病－防治－技术培训－教材②青贮饲料－饲料加工－技术培训－教材 Ⅳ．①S85②S816.5

中国版本图书馆CIP数据核字 (2021) 第 032379 号

动物疾病防控与饲料青贮技术

王文多　　曹广宁　主编

责任编辑　刘　钊
封面设计　张　宇

出　版　甘肃科学技术出版社
社　址　兰州市曹家巷1号　730030
网　址　www.gskejipress.com
电　话　0931-8125103　（编辑部）　0931-8773237　（发行部）
京东官方旗舰店　https://mall. jd. com/index-655807.html

发　行　甘肃科学技术出版社　　　印　刷　甘肃城科工贸印刷有限公司
开　本　710毫米×1020毫米 1/16　　印　张　11.5　插页　2　字　数190千
版　次　2021年4月第1版
印　次　2021年4月第1次印刷
印　数　1~5 500
书　号　ISBN 978-7-5424-2561-4　　定　价　29.00元

总 序

　　产业兴旺是乡村振兴的基石，是实现农民增收、农业发展和农村繁荣的经济基础。产业兴旺的核心是农业现代化。实现农业现代化的途径是农业科技创新和成果的转化，而这一过程的核心是人。本书的作者是一批长期扎根基层、勤于实践、善于总结的广大农技人员，他们的探索创新，为当地产业发展提供了理论和技术的支撑，所编之书，目标明确，就是要通过培养，提升农民科学种田、养殖的水平，让最广大的农民群体在农村广阔天地大显身手，各尽其能，实现乡村振兴。

　　甘肃是一个特色鲜明的生态农业大省，多样的地形、气候、生物，造就了特色突出、内容丰富的多样农业生产方式和产品，节水农业、旱作农业、设施农业……古浪农业是甘肃农业的缩影，有高寒阴湿区、半干旱区、绿洲灌溉区、干旱荒漠区。在这片土地上，农业科技工作者，潜心研究、艰辛耕耘，创新并制定实施了一系列先进实用、接地气的农业技术，加快了当地农业科技进步和现代农业进程。依据资源条件和实践内容，他们凝练编写了这套涵盖设施修建、标准化生产、饲料加工、疫病防控、病虫害防治、农药使用等产业发展全过程的操作技能和方法的实用技术丛书，内容丰富，浅显易懂，操纵性强，是培养有文化、懂技术、善经营的现代农民的实用教程，适合广大基层农业工作者和生产者借鉴。教材的编写，技术的普及，将为甘肃省具有生态优势、生产优势的高原夏菜、中药材、肉羊、枸杞及设施果蔬等一批特色产业做强做优发挥积极作用，助力全省产业兴民、乡村振兴。

祝愿这套丛书能够早日出版发行，成为县域经济快速发展和推动乡村振兴的重要参考，为甘肃特色优势产业发展和高素质农民培育起到积极作用。

2020 年 9 月 3 日

前　言

　　农业的出路在现代化，农业现代化的关键在科技进步。加快农业技术成果转化推广应用，用科技助力产业兴旺，推动农业转型升级和高质量发展，增强农业农村发展新动能，对帮助农民致富、提高农民素质、富裕农民口袋和巩固脱贫成果、提升脱贫质量、对接乡村振兴均具有重要的现实意义。

　　系统总结农业实用技术，目的是：帮助广大农业生产者提高科技素养及专业技能，让农业科技成果真正从试验示范到大面积推广；进一步提高乡村产业发展的质量和效益；夯实农民增收后劲，增强农村自我发展能力。我们整合众多农业科技推广工作者之力，广泛收集资料，在生产一线不断改进，用生产实践证明应用成效，筛选出新时代乡村重点产业实用技术，用简单易学的方式、通俗易懂的文字总结归纳技术要点，经修改补充完善后汇编成册，形成农民实用技术培训丛书，对乡村振兴战略实施具有重要的指导性和参考价值。

　　《动物疾病防控与饲料青贮技术》主要从各种动物疾病的防控要点入手,对常见动物疾病的预防和治疗做了细致的说明,同时介绍了饲料青贮技术。本书以通俗易懂的语言，简单有效的方法，尽可能全面地介绍相关内容，同时，结合编者多年临床积累，紧贴生产实际，具有一定的针对性和指导性。可供广大养殖户学习、参考和使用。

由于编写时间仓促，编者水平有限，书中错误和疏漏之处在所难免，欢迎广大读者和同行批评指正。

编者

2020 年 4 月

目　录

第一部分　动物疾病防控技术

一、总论（疾病防控常识）

（一）动物疾病的概念和分类

1. 动物疾病的概念：是指动物机体各组织器官在异常情况下表现出的结构异常和/或功能异常的状态。

2. 动物疾病的类型：动物疾病一般包括动物普通病和动物疫病两大类。

动物普通病包括内科病、外科病和产科病等。

动物疫病包括传染病和寄生虫病等。

动物普通病是由非病原体性病因引起的动物疾病。如瘤胃积食、前胃迟缓、骨折、奶牛酮病等。

动物疫病是由活的病原体引起的具有传染性和流行性特征的疾病。

传染病是指由病原微生物（病毒、病原菌等）引起的动物疫病。

寄生虫病是指由病原寄生虫引起的动物疫病。

（二）动物疫病的流行特征

1. 传染性：是指病原体从感染动物体内排出，侵入另一有易感性的动物体内，引起同样的疾病或感染的特性。

2. 流行性：是指当环境条件适宜时，在一定时间内，某一地区易感动物群中可能有许多动物感染或发病，致使疫病蔓延散播并形成流行的特性。

3. 地域性：是指某种病原体引起的感染或疾病通常局限于一定地域范围的特性。

4. 季节性：是指某种动物疫病常发生于一定的季节，或者说在一定的季节发病率显著升高的现象。

动物疫病表现季节性的原因主要有以下诸方面：

（1）季节对病原微生物在外界环境中存在和散播有影响。例如，夏季气候炎热，不利于口蹄疫病毒的存活，口蹄疫流行少见；多雨和洪水泛滥时节，易造成炭疽杆菌和气肿疽梭菌的散播，炭疽、气肿病例易见。

（2）季节对活的传播媒介（如节肢动物等）有影响。夏天，蚊、蝇、虻多，猪丹毒、日本乙型脑炎、马传染性贫血、炭疽等发生较多。

（3）季节对易感动物的活动和抵抗力有影响。冬季寒冷，温度低，圈舍往往通风不良，常易促使呼吸道传染病的发生流行。

5. 周期性：是指某些动物传染病如口蹄疫、马流感、牛流行热等，经过一定的间隔时间（通常以年计），再度发生流行的现象或特征。

（三）动物疫病流行的表现形式

动物疫病流行的表现形式指的是一定时间内某种动物疫病发病率的高低、传播范围的大小。

疫病的流行形式一般包括散发性流行、地方性流行、流行和大流行等。

1. 散发性流行：指的是在较长时间内，某种动物疫病呈个别的、零星的散在发生的流行形式。

某一些动物疫病传播需特殊条件，呈散发流行。如破伤风、放线菌病等。

免疫接种使动物对某种疫病群体免疫水平高，只有少数易感，出现散发。如猪瘟本为一流行性很强的传染病，现每年进行两次防疫，易感动物环节基本上得到控制，仅补防不细致时，出现散发。

某病隐性感染比例较大，仅有一部分动物出现症状，表现为散发。如钩端螺旋体病。

2. 地方性流行：是指在一定时间内某种疫病发病动物数较多，但流行范围不广，局限于一定的区域范围，即疫病的流行具有一定的地域性。如猪丹毒、副结核病等常呈现地方流行性。

3. 流行：是指在一定时间内，发病动物数量多，且在较短的时间内传播至较广范围的流行特征。

具有流行性特性的动物疫病，传染性强，发病率高，传播范围广，在时间、空间以及动物群间的分布变化常起伏不定。如口蹄疫、绵羊痘等。

4. 暴发：是一个不太确切的名词，大致可作为流行性的同义词。一般认为，某种疾病在一定地区范围或一个动物群单位中，突然发生新的流行或短期内出现比寻常多的病例时称为暴发。

5. 大流行：是指某种动物疫病呈现出的规模宏大的流行特性。

大流行的动物疫病，传染易于实现，流行迅速，易感动物比例高，传播范围广大，可波及几个省区、一个国家、几个国家甚至整个大陆。

流行性感冒、牛瘟等可发生大流行。

（四）疫病流行的三个基本环节

1. 传染来源：简称传染源，指某种传染性疾病的病原体在其中寄居、繁殖，并能排出体外的动物机体。如患病动物、病原体携带动物。

2. 传播途径和方式：

（1）传播途径：是指病原体由传染源排出后，经一定方式再侵入其他易感动物所经过的路径。

（2）传染方式：动物疫病的传染方式是病原体从感染动物转移到新的易感动物的方式。根据不同的划分标准，传染方式一般有：

①水平传播和垂直传播。

②直接接触传播和间接接触传播。

3. 易感动物：是指对某种传染性疾病缺乏免疫力、容易感染的动物或动物群。

易感动物本质上来讲就是某种病原体的寄主动物或宿主动物。

（五）动物疫病的危害性

动物疫病是动物疾病的重要组成部分，是影响经济发展和公共卫生事业最为严重的一类疾病。由于动物疫病具有传染性、流行性的特点，其危害更具危险性和普遍性。动物疫病不仅对动物生产造成危害，而且许多动物疫病属人畜共患病，对人类健康构成严重威胁。

1. 疫病引起大批动物死亡，造成经济损失

（1）动物疫病是死亡率最高的疾病，引起死亡的动物数量很大，直接造成巨大经济损失。

（2）动物感染疫病后，往往丧失其经济价值或饲养价值，大批动物淘汰，经济损失惨重。

（3）发生、流行重大动物疫病时，同群或一定范围内的易感动物作扑杀销毁处理，同样引起很大的经济损失。如发生非洲猪瘟时，一定范围内的易感牛羊作扑杀销毁处理，损失巨大。

2. 动物疫病引起生产性能下降

（1）产蛋率、产乳量、日增重、饲料转化率等降低。

（2）繁殖障碍性疫病影响繁殖能力。

（3）感染发病导致使役力丧失或降低。

（4）动物产品废弃。

3. 人畜共患疾病威胁人类健康

（1）许多动物疫病系人畜共患病，不仅使养殖业蒙受损失，而且威胁人类健康，引起消费市场的恐慌甚至混乱，对农业生产乃至国计民生带来严重的负面影响。

（2）人畜共患传染病如鼠疫、布鲁氏菌病、结核病、炭疽、鼻疽、狂犬病、钩端螺旋体病、乙型脑炎、沙门氏菌病等。

（3）人畜共患寄生虫病如棘球蚴病、弓形体病、旋毛虫病等。

4. 动物疫病影响经济贸易活动

（1）动物传染病的存在、发生或流行，不仅影响经济贸易活动，甚至

引起贸易纠纷或造成不必要的国际贸易壁垒，导致不可估量的损失。

（2）"疯牛病"事件，使英国为之骄傲的养牛业遭受灭顶之灾。

（3）1996—1997 年，中国台湾发生口蹄疫，使岛内兴旺的养殖业濒于崩溃。

5. 动物疫病的防控花费大量财富

（1）动物疫病控制水平，常常是一个国家综合国力和科学技术的标尺。对传染性疾病的控制、扑灭和消灭常须花费大量的人力、物力和财力，造成社会财力资源的巨大浪费。

（2）1962—1976 年，美国消灭猪瘟花费 1.42 亿美元。

（3）2003 年，中国防控 SARS，花费 108 亿元人民币。

（六）动物疫病防控基本技术

1. 查明、控制和消除传染来源

（1）查明传染来源。

①动物检疫。

产地检疫（收购检疫、屠宰检疫、市场检疫）。

运输检疫（托运检疫、交通要道检疫）。

隔离检疫、国境检疫（进境检疫、出境检疫、过境检疫）。

②流行病学调查。

描述流行病学（普查、抽样调查、筛检和相关性研究）。

分析流行病学（回顾性研究、前瞻性研究；t 检验、卡方检验）。

血清流行病学（凝集试验、沉淀试验、补体结合试验、中和试验；免疫荧光技术、免疫酶技术、放射免疫测定；t 检验和 F 检验——显著性分析）。

分子流行病学（核酸技术、蛋白质技术、生物芯片技术等）。

③疫病诊断。

临床学诊断、流行病学诊断、病理学诊断。

病原学诊断（病原体分离鉴定、基因检测）。

免疫学诊断（血清学试验、动物变态反应）。

（2）控制和消除传染来源。

①隔离：是指通过诊断或检查，将染疫动物、可疑感染动物和假定健康的动物分开饲养，是消除和控制传染来源的措施。

染疫动物：传染病流行时，有明显临床症状的病畜或通过其他诊断方法检查为阳性的动物称为染疫动物。

染疫动物应原地隔离或隔离在指定场所，及时进行救治、护理，由专人负责观察、喂养和消毒等工作。

可疑感染动物：无任何症状，但怀疑与患病动物、感染动物及其污染的环境有过明显接触的动物称为可疑感染动物。这类动物消毒后另地看管，出现症状者按染疫动物处理。

假定健康动物：一切正常，与上述两类动物及其所在环境无明显接触的动物称为假定健康动物。这类动物可根据实际情况，分散喂养或转移到偏僻牧地，加强管理并定时检查。有条件时，进行紧急免疫接种以提高群体免疫水平。

②封锁：当暴发某种重要动物传染病或某种传染病呈流行态势时，由县级以上政府发布命令，实行防疫划区管理，采取隔离、治疗、扑杀、毁尸、消毒、紧急免疫接种、无害化处理等防疫措施，禁止染疫、疑似染疫和易感动物及其产品输出疫区，禁止易感动物进入疫区，并根据扑灭动物传染病的需要对出入疫区的人员、非易感动物、运输工具及有关物品采取消毒和其他限制性的防疫措施，称为封锁。

封锁原则：早、快、严、小。

早：即执行封锁应在疫病流行早期——早发现、早诊断、早报告、早决策、早行动。

快：即行动果断迅速。

严：即封锁严密。

小：即范围不宜过大。

封锁区的划分：须根据疫病的流行规律、当时疫情流行的具体情况和当地的实际条件，充分调查研究，确定疫点、疫区和受威胁区。

疫区：为疫病正在流行的地区，即患病动物分布的区域及患病动物在发病前后一定时间内曾经到达过的区域。疫区即封锁区。

疫点：疫点指患病动物所在的畜（禽）舍、场、院和经常出没的地方。农区一般包括病畜的棚圈、运动场周围地区；牧区一般包括放牧点、足够的草场和饮水地点等。

受威胁区：受威胁区指疫区周围可能受到传染性疾病侵袭的地区，视疫病流行态势而定。

封锁措施：交通要道设立检疫消毒站，禁止易感动物出入，对必须通过的车辆、人员、非易感动物要进行消毒。

疫区内立即实施隔离、治疗、消毒、毁尸、无害化处理、紧急免疫接种等疫病控制措施。

关闭集贸市场，停止畜禽集散活动，禁止易感动物及其产品调拨转运。

解除封锁：最后一例患病动物痊愈、转移、死亡或扑杀后，经过一定的封锁期（该传染病最长潜伏期以上的时间），再无新病例出现时，可经过全面消毒，按照防疫规程规定的标准和程序评估合格后，由原批准实施封锁的政府决定并宣布解除封锁。

解除封锁后，疫点、疫区、受威胁区也相应撤销，但尚须根据疫病特点，在一定范围内对易感动物进行监控或限制其活动，以防疫情重现或扩散。

③治疗：是对感染病原体的患病动物采取的综合救护措施。一方面是为了挽救患病动物的生命，减少经济损失；另一方面，治愈了患病动物，从某种意义上说也是消除了传染来源。

措施：药物救治、消毒、饲喂、保定、护理、观察。

④扑杀：指宰杀患病动物、可疑感染动物或同群动物并销毁尸体的防疫措施。

扑杀政策：是国家为了扑灭某种动物疫病，宰杀感染动物、可疑感染动物及其同群动物，必要时宰杀分布于一定范围可能造成病原传播的易感动物，并采取隔离、消毒、销毁尸体等无害化处理的行政政策。

感染、罹患一类疫病的动物及其同群动物应全部扑杀并销毁尸体。

某一地区发生当地从未有过的动物疫病，患病动物及同群动物应全部扑杀并销毁尸体。

感染严重危害人类健康的病原体如狂犬病病毒、炭疽杆菌等的患病动物应作淘汰扑杀处理。

无法治愈、医疗费用超过自身价值的患病动物应淘汰扑杀。

长期甚至终身携带某种病原体的患病动物或罹患尚无有效治疗措施疫病的动物应及时扑杀。

2. 切断传播途径

（1）消毒：是指用物理、化学等方法杀灭病原体的过程。

灭菌是指杀灭器物内外所有微生物的方法，包括杀灭细菌芽孢、霉菌孢子在内的全部病原微生物和非病原微生物。

消毒方法：机械清除、物理消毒、化学消毒、生物热消毒。

消毒类型：疫源地消毒是指对确认存在或曾经存在传染来源及其病原体的地方或场所进行的消毒。

疫源地消毒通常称为防疫性消毒，兽医实践中又分为随时消毒和终末消毒两种。

随时消毒：是指动物疫病发生、流行时，为了及时消灭或清除刚从传染源排出的病原体而进行的应急性消毒。

随时消毒的对象包括染疫动物所在的场所、垫料、残余饲料、污染器具以及染疫动物的排泄物、分泌物等。

终末消毒：是指在染疫动物解除隔离、痊愈或死亡后，或者在疫区解除封锁之前，为了消灭污染地或疫区内可能残存的病原微生物而进行的最后一次彻底的消毒叫做终末消毒。

传染来源消除后，终末消毒的目的是杀灭遗留在疫源地内各种器物上的活的病原微生物。

预防性消毒：是指在未发现传染来源的情况下，对有可能被传染来源排出的病原微生物污染的物品、场所、水源、运输工具和用具等进行的消毒。

预防性消毒一般结合平时的饲养管理进行。传染病流行时期，有时难以识别处于潜伏期的染疫动物，因而预防性消毒同样具有重要意义。

（2）销毁尸体：是指销毁因罹患疫病死亡或扑杀的动物尸体，简称毁尸。

罹患传染性疾病死亡的动物，尸体内含有大量的病原体，是最危险的传染源。因此，销毁尸体是动物疫病防控的重要举措。

销毁尸体的方法：

焚烧法：焚烧法是指在焚烧容器内，使动物尸体及相关动物产品在富氧或无氧条件下进行氧化反应或热解反应的方法。

化制法：是指在密闭的高压容器内，通过向容器夹层或容器通入高温饱和蒸汽，在干热、压力或高温、压力的作用下，处理动物尸体及相关动物产品的方法。

发酵法：是指将动物尸体及相关动物产品与稻糠、木屑等辅料按要求摆放，利用动物尸体及相关动物产品产生的生物热或加入特定生物制剂，发酵或分解动物尸体及相关动物产品的方法。

深埋法：是指按照相关规定，将动物尸体及相关动物产品投入化尸窖或掩埋坑中并覆盖、消毒，发酵或分解动物尸体及相关动物产品的方法。

深埋法是处理畜禽病害肉尸的一种常用、可靠、简便易行的方法，具体方法详细介绍如下：

a. 选择地点

应远离居民区、水源、泄洪区、草原及交通要道，避开岩石地区，位于主导风向的下方，不影响农业生产，避开公共视野。

b. 挖坑

挖掘及填埋设备：挖掘机、装卸机、推土机、平路机和反铲挖土机等，挖掘大型掩埋坑的适宜设备应是挖掘机。

修建掩埋坑：

大小：掩埋坑的大小取决于机械、场地和所须掩埋物品的多少。

深度：坑应尽可能深（2~7 米）、坑壁应垂直。

宽度：坑的宽度应能让机械平稳地水平填埋处理物品，例如：如果使用推土机填埋，坑的宽度不能超过一个举臂的宽度（大约 3 米），否则很难从一个方向把肉尸水平地填入坑中，确定坑的适宜宽度是为了避免填埋后还不得不在坑中移动肉尸。

长度：坑的长度则应由填埋物品的多少来决定。

容积：估算坑的容积可参照以下参数：坑的底部必须高出地下水位至少 1 米，每头大型成年动物（或 5 头成年羊）约需 1.5 米³ 的填埋空间，坑内填埋的肉尸和物品不能太多，掩埋物的顶部距坑面不得少于 1.5 米。

c. 掩埋

坑底处理：在坑底洒漂白粉或生石灰，量可根据掩埋尸体的量确定（0.5~2.0 千克/米²），掩埋尸体量大的应多加，反之可少加或不加。

尸体处理：动物尸体先用 10% 漂白粉上清液喷雾（200 毫升/米²），作用 2 小时。

入坑：将处理过的动物尸体投入坑内，使之侧卧，并将污染的土层和运尸体时的有关污染物如垫草、绳索、饲料、少量的奶和其他物品等一并入坑。

掩埋：先用 40 厘米厚的土层覆盖尸体，然后再放入未分层的熟石灰或干漂白粉 20~40 克/米²（2~5 厘米厚），然后覆土掩埋，平整地面，覆盖土层厚度不应少于 1.5 米。

设置标识：掩埋场应标识清楚，并得到合理保护。

场地检查：应对掩埋场地进行必要的检查，以便在发现渗漏或其他问题时及时采取相应措施，在场地可被重新开放载畜之前，应对无害化处理场地再次复查，以确保对牲畜的生物和生理安全。复查应在掩埋坑封闭后 3 个月内进行。

d. 注意事项

石灰或干漂白粉切忌直接覆盖在尸体上，因为在潮湿的条件下熟石灰会减缓或阻止尸体的分解。

对牛、马等大型动物，可通过切开瘤胃（牛）或盲肠（马）对大型动物开膛，让腐败分解的气体逃逸，避免因尸体腐败产生的气体导致未开膛动物的膨胀，造成坑口表面的隆起甚至尸体被挤出。对动物尸体的开膛应在坑边进行，任何情况下都不允许人到坑内去处理动物尸体。

（3）杀虫驱虫：是指采用物理、化学、生物学等方法消灭或减少疫病媒介昆虫以及杀灭动物体内外寄生虫和防止它们侵袭的防疫措施。

蝇、蚊、蜱、螨等节肢动物是动物疫病的重要传播媒介。因此，杀灭这些媒介昆虫和防止它们的侵袭，在预防和扑灭动物疫病方面有重要的意义。

杀虫驱虫的方法：药物杀虫（口服、注射、浇泼、涂擦）。

机械杀灭：物理杀虫，利用媒介昆虫的天敌消灭昆虫。

（4）防鼠灭鼠：是指采用物理、化学、生物或生态学等方法消灭或减少鼠类，以防止其危害的防疫措施。

鼠类是许多动物疫病的传播媒介和传染来源，不仅对人类生产、生活造成巨大损失，也可传播疾病，危害人类和动物健康。因此，防鼠灭鼠对动物疫病防控有重要作用。

防鼠灭鼠的方法：生态防鼠，改造环境、改良建筑、打扫卫生、断绝鼠粮，使鼠无栖息之地 。

扑杀：用鼠笼、鼠夹或其他方法扑杀。

毒杀：利用化学药物如磷化锌等灭鼠。

生物灭鼠：利用鼠类的天敌如猫、猫头鹰、蛇以及病原微生物等进行灭鼠。

3. 保护易感动物

（1）提高非特异性免疫力

①加强饲养管理。

②均衡营养。

③消除环境中的各种应激因素。

④免疫接种：是指依据动物疫病流行规律和分布特征，对暴露于或有暴露于一定种类疫病倾向的动物（群）有针对性地接种疫苗或免疫血清等生物制品，以提高动物机体特异性免疫力，降低易感性的过程或手段。

生物制品：是指用微生物或其毒素、酶，人或动物的血清、细胞等制备的预防、诊断和治疗用的制剂。

疫苗：是指为了预防、控制传染性疾病的发生、流行，用于人体或动物预防接种的预防性生物制品。

免疫血清：亦称抗血清，含有抵御某种病原微生物或病原寄生虫抗体的血清制剂。

计划免疫接种：指按照既定的免疫程序对易感动物进行的免疫接种。

免疫程序：是指依据动物疫病流行的规律、使用疫苗的性质以及接种动物的特点，确定接种次数、接种次序、接种途径、免疫剂量和时间间隔等因素所制定的免疫计划。

预防接种：指在经常发生某类传染病的地区、或有某类传染病潜在的地区、或受到邻近地区某类传染病威胁的地区，为了预防这类传染病发生和流行，平时有组织、有计划地给健康动物进行的免疫接种。

紧急免疫接种：是指计划免疫接种失败而发生、流行某种疫病时，疫区和受威胁区内尚未发病的易感动物进行的急性免疫接种以及运输检疫或口岸检疫时，根据检疫情况或要求对检疫动物进行的临时性免疫接种。

临时接种：指在引进或运出动物时，为了避免在运输途中或到达目的地后发生传染病而进行的预防免疫接种。临时接种应根据运输途中和目的地传染病流行情况进行免疫接种。

⑤药物预防：是指以饲料添加剂形式或其他途径给动物个体或群体提供一定种类的抗病原体药物，以达到预防动物疫病的防疫措施。

药物预防是防控动物传染性疾病的一条崭新途径，在某些疫病或一定条件时采用，可取得较为理想的效果。

药物预防在大型规模化养殖业中尤为重要。

4. 建立无规定疫病区

SPF 动物：又称为无特定病原体动物，是指动物体内或动物群内没有规定的病原微生物和病原寄生虫的动物群。

建立无特定病原体动物群是消除病原、净化畜群的重要措施。

无规定疫病区：是指明确界定的某些区域，该区域于规定的期限没有发生规定的动物疫病，并在该区域内及其边界对动物及动物产品实施有效的动物防疫措施。

无规定疫病区的建立：

在 SPF 动物群的基础上建立无规定疫病区。由此逐步扩大地域，最终达到预防、控制和消灭一定种类动物疫病的目标。

动物群无病　→　地区性无病　→　全国性无病

全国性无病　→　区域性无病　→　全球性无病

5. 抗病育种

（1）抗病育种的概念

抗病力作为一种遗传性状，与其他生物学性状一样，可通过亲代动物遗传于子代动物。通过传统遗传选育方法或转基因技术，培育出具有抵抗某种疫病的动物品系，称为抗病育种。

抗病育种是防控动物疫病的新型措施，已在动物疫病防控实践中广泛应用。

（2）抗病育种的策略

寻找对某种疫病具有天然抗性的动物种类，确定与抗病力有关的遗传标记，选育推广具有抗病力的动物品系。

将人工设计的抗病基因转移到受精卵内或胚胎干细胞中，使其在动物体内得以整合并表达，以产生有抗病力遗传特征或性状且能稳定地传递给后代的动物。

通过基因转移、插入或修饰，敲除动物体内的病原受体基因，培育对某种病原不敏感的动物群体。

（七）消毒知识

1. 常用的消毒方法

（1）物理消毒

物理消毒法是利用物理因素杀灭或清除病原微生物或其他有害微生物的方法，用于消毒灭菌的物理因素有机械除菌、高温、紫外线、电离辐射、超声波、过滤等。常用的物理消毒方法有机械消毒、煮沸消毒、焚烧消毒、火焰消毒、阳光/紫外线消毒等。

①机械消毒

机械消毒是指用清扫、洗刷、通风和过滤等手段机械清除病原体的方法，是最普通、最常用的消毒方法。它不能杀灭病原体，必须配合其他消毒方法同时使用，才能取得良好的杀毒效果。

操作步骤：

a. 器具与防护用品准备：扫帚、铁锹、污物筒、喷壶、水管或喷雾器等，高筒靴、工作服、口罩、橡胶手套、毛巾、肥皂等。

b. 穿戴防护用品。

c. 清扫：用清扫工具清除畜禽舍、场地、环境、道路等的粪便、垫料、剩余饲料、尘土、各种废弃物等污物。清扫前喷洒清水或消毒液，避免病原微生物随尘土飞扬。应按顺序清扫棚顶、墙壁、地面，先畜舍内，后畜舍外。清扫要全面彻底，不留死角。

d. 洗刷：用清水或消毒溶液对地面、墙壁、饲槽、水槽、用具或动物体表等进行洗刷，或用高压水龙头冲洗，随着污物的清除，也清除了大量的病原微生物。冲洗要全面彻底。

e. 通风：一般采取开启门窗、天窗，启动排风换气扇等方法进行通风。通风可排出畜舍内污秽的气体和水汽，在短时间内使舍内空气清洁、新鲜，减少空气中病原体数量，对预防那些经空气传播的传染病有一定的作用。

f. 过滤：在动物舍的门窗、通风口处安置粉尘、微生物过滤网，阻止粉尘、病原微生物进入动物舍内，防止动物感染疫病。

注意事项：

a. 清扫、冲洗畜舍应先上后下（棚顶、墙壁、地面），先内后外（先畜舍内，后畜舍外）。清扫时，为避免病原微生物随尘土飞扬，可采用湿式清扫法，即在清扫前先对清扫对象喷洒清水或消毒液，再进行清扫。

b. 清扫出来的污物，应根据可能含有病原微生物的抵抗力，进行堆积发酵、掩埋、焚烧或其他方法进行无害化处理。

c. 圈舍应当纵向或正压、过滤通风，避免圈舍排出的污秽气体、尘埃危害相邻的圈舍。

②煮沸消毒

大部分芽孢病原微生物在 100℃的沸水中迅速死亡。各种金属、木质、玻璃用具、衣物等都可以进行煮沸消毒。蒸汽消毒与煮沸消毒的效果相似，在农村一般利用铁锅和蒸笼进行。

③焚烧消毒

焚烧是以直接点燃或在焚烧炉内焚烧的方法。主要是用于传染病流行区的病死动物、尸体、垫料、污染物品等的消毒处理。

④火焰消毒

火焰消毒是以火焰直接烧灼杀死病原微生物的方法，它能很快杀死所有病原微生物，是一种消毒效果非常好的方法。

操作步骤：

a. 器械与防护用品准备：火焰喷灯、火焰消毒机等。工作服、口罩、帽子、手套等。

b. 穿戴防护用品。

c. 清扫（洗）消毒对象：清扫畜舍水泥地面、金属栏和笼具等上面的污物。

d. 准备消毒用具：仔细检查火焰喷灯或火焰消毒机，添加燃油。

e. 消毒：按一定顺序，用火焰喷灯或火焰消毒机进行火焰消毒。

注意事项：

a. 对金属栏和笼具等金属物品进行火焰消毒时不要喷烧过久，以免将被消毒物品烧坏。

b. 消毒时要按顺序进行，以免发生遗漏。

c. 火焰消毒时注意防火。

⑤阳光、紫外线

阳光是天然的消毒剂，一般病毒和非芽孢性病原菌在直射的阳光下几分钟至几小时可以杀死，阳光对于牧场、草地、畜栏、用具和物品等的消毒具有很大的实际作用，应充分利用；紫外线对革兰氏阴性菌、病毒效果较好，革兰氏阳性菌次之，对细菌芽孢无效。常用于实验室消毒。

（2）化学消毒

化学消毒是指应用各种化学药物抑制或杀灭病原微生物的方法。是最常用的消毒法，也是消毒工作的主要内容。常用的化学消毒方法有洗刷、浸泡、喷洒、熏蒸、拌和、撒布、擦拭等。

①刷洗

用刷子蘸取消毒液进行刷洗，常用于饲槽、饮水槽等设备、用具的消毒。

②浸泡

将需消毒的物品浸泡在一定浓度的消毒药液中，浸泡一定时间后再拿出来。如将食槽、饮水器等各种器具浸泡在 0.5%~1% 新洁尔灭中消毒。

③喷洒

喷洒消毒是指将消毒药配制成一定浓度的溶液（消毒液必须充分溶解并进行过滤，以免药液中不溶性颗粒堵塞喷头，影响喷洒消毒），用喷雾器或喷壶对需要消毒的对象（畜舍、墙面、地面、道路等）进行喷洒消毒。

喷洒消毒的步骤：

a. 根据消毒对象和消毒目的，配制消毒药。

b. 清扫消毒对象。

c. 检查喷雾器或喷壶。喷雾器使用前，应先对喷雾器各部位进行仔细检查，尤其应注意橡胶垫圈是否完好、严密，喷头有无堵塞等。喷洒前，先用清水试喷一下，证明一切正常后，将清水倒干，然后再加入配制好的消毒药液。

d. 添加消毒药液，进行动物舍喷洒消毒。打气压，当感觉有一定压力时，即可握住喷管，按下开关，边走边喷，还要一边打气加压，一边均匀喷雾。一般以"先里后外、先上后下"的顺序喷洒，即先对动物舍的最里面、最上面（顶棚或天花板）喷洒，然后再对墙壁、设备和地面仔细喷洒，边喷边退；从里到外逐渐退至门口。

e. 喷洒消毒用药量应视消毒对象结构和性质适当掌握。水泥地面、顶棚、砖混墙壁等，每平方米用药量控制在 800 毫升左右；土地面、土墙或砖土结构等，每平方米用药量 1000~1200 毫升左右；舍内设备每平方米用药量 200~400 毫升。

f. 当喷雾结束时，倒出剩余消毒液再用清水冲洗干净，防止消毒剂对喷雾器的腐蚀，冲洗水要倒在废水池内。把喷雾器冲洗干净后内外擦干，保存于通风干燥处。

④熏蒸

常用福尔马林配合高锰酸钾进行熏蒸消毒。其优点是消毒较全面，省工省力，但要求动物舍能够密闭，消毒后有较浓的刺激气味，动物舍不能立即使用。

a. 配制消毒药品：根据消毒空间大小和消毒目的，准确称量消毒药品。如固体甲醛按每立方米 3.5 克；高锰酸钾与福尔马林混合熏蒸进行畜禽空舍熏蒸消毒时，一般每立方米用福尔马林 14~42 毫升、高锰酸钾 7~21 克、水 7~21 毫升，熏蒸消毒 7~24 小时。种蛋消毒时福尔马林 28 毫升、高锰酸钾 14 克、水 14 毫升，熏蒸消毒 20 分钟。杀灭芽孢时每立方米需福尔马林 50 毫升；过氧乙酸熏蒸使用浓度是 3%~5%，每立方米用 2.5 毫升，在相对湿度 60%~80% 条件下，熏蒸 1~2 小时。

b. 清扫消毒场所，密闭门窗、排气孔。先将需要熏蒸消毒的场所（畜禽舍、孵化器等）彻底清扫、冲洗干净。关闭门窗和排气孔，防止消毒药物外泄。

c. 按照消毒面积大小，放置消毒药品，进行熏蒸。将盛装消毒剂的容器均匀地摆放在要消毒的场所内，如动物舍长度超过 50 米，应每隔 20 米放一个容器。所使用的容器必须是耐燃烧的，通常用陶瓷或搪瓷制品。

d. 熏蒸完毕后，进行通风换气。

⑤拌和

在对粪便、垃圾等污染物进行消毒时，可用粉剂型消毒药品与其拌和均匀，堆放一定时间，可达到良好的消毒目的。如将漂白粉与粪便以 1:5 的比例拌和均匀，进行粪便消毒。

a. 称量或估算消毒对象的重量，计算消毒药品的用量，进行称量。

b. 按《动物防疫法》的要求，选择消毒对象的堆放地址。

c. 将消毒药与消毒对象均匀拌和，完成后堆放一定时间即达到消毒目的。

⑥撒布

将粉剂型消毒药品均匀地撒布在消毒对象表面。如用熟石灰撒布在阴湿地面、粪池周围及污水沟等处进行消毒。

⑦擦拭

是指用布块或毛刷浸蘸消毒液，在物体表面或动物、人员体表擦拭消毒。如用 0.1% 的新洁尔灭洗手，用布块浸蘸消毒液擦洗母畜乳房；用布块蘸消毒液擦拭门窗、设备、用具和栏、笼等；用脱脂棉球浸湿消毒药液在猪、鸡体表皮肤、黏膜、伤口等处进行涂擦；用碘酊、酒精棉球涂擦消毒术部等，也可用消毒药膏剂涂布在动物体表进行消毒。

（3）生物消毒

生物消毒就是利用动物、植物、微生物及其代谢产物杀灭或去除外环境中的病原微生物。主要用于土壤、水和动物体表面消毒处理。目前常用的是生物热消毒法。

生物热消毒法是利用微生物发酵产热以达到消毒目的的一种消毒方法，常用的有发酵池法、堆粪法等。常用于粪便、垫料等的消毒。

2. 消毒液的配制

（1）常用的消毒药品及其使用

①甲醛

是一种广谱杀菌剂，对细菌、芽孢、真菌和病毒均有效。浓度为35%~40%的甲醛溶液称为福尔马林。

a. 用于室内、器具的熏蒸消毒

浓度密闭的圈舍按每立方米7~21克高锰酸钾加入14~42毫升福尔马林。

作用温度（室温）一般不应低于15℃。

相对湿度 60%~80%。

作用时间 7小时以上。

b. 用于地面消毒

浓度为2%甲醛的水溶液，用于地面消毒，用量为每百平方米13毫升。

②含氯消毒剂

无机氯如漂白粉、次氯酸钠、次氯酸钙等，有机氯如二氯异氰尿酸钠、三氯异氰尿酸、氯胺等。

a. 漂白粉

用途：主要用于圈舍、饲槽、用具、车辆的消毒。

使用浓度：一般使用浓度为5%~20%混悬液喷洒，有时可撒布其干燥粉末。饮水消毒每升水中加入0.3~1.5g漂白粉，可起杀菌除臭作用。

注意事项：

漂白粉现用现配，贮存久了有效氯的含量逐渐降低。

不能用于有色棉织品和金属用具的消毒。

不可与易燃、易爆物品放在一起，应密闭保存于阴凉干燥处。

漂白粉有轻微毒性，使用浓溶液时应注意人畜安全。

b. 二氯异氰尿酸钠

是一种广谱消毒剂，对细菌繁殖体、病毒、真菌孢子和细菌芽孢都有较强的杀灭作用。

③醇类消毒剂

a. 用途

常用于皮肤、针头、体温计等消毒，用作溶媒时，可增强某些非挥发性消毒剂的杀灭作用。

b. 使用浓度

70%乙醇可杀灭细菌繁殖体；80%乙醇可降低肝炎病毒的传染性。

c. 注意事项

本品易燃，不可接近火源。

④过氧化物类

有过氧化氢、环氧乙烷、过氧乙酸、二氧化氯、臭氧等，其理化性质不稳定，但消毒后不留残毒是它们的优点。

过氧乙酸：

a. 用途：除金属制品外，可用于消毒各种产品。

b. 使用浓度：0.5%水溶液喷洒消毒畜舍、饲槽、车辆等；0.04%~0.2%水溶液用于塑料、玻璃、搪瓷和橡胶制品的短时间浸泡消毒。5%水溶液 2.5 毫升/米³ 喷雾消毒密闭的实验室、无菌间、仓库等；0.3%水溶液 30 毫升/米³ 喷雾，可作 10 日龄以上雏鸡的带鸡消毒。

c. 注意事项：

市售成品 40%的水溶液性质不稳定，须避光保存在低温环境下。

现用现配。

⑤含碘消毒剂

a. 用途：常用于皮肤消毒。

b. 使用浓度：2%的碘酊、0.2%~0.5%的碘伏常用于皮肤消毒；0.05%~0.1%的碘伏用作伤口、口腔消毒；0.02%~0.05%的碘伏用于阴道冲洗消毒。

⑥高锰酸钾

a. 用途：常用于伤口和体表消毒。

b. 使用浓度：为强氧化剂，0.01%~0.02%溶液可用于冲洗伤口；福尔马林加高锰酸钾用作甲醛熏蒸，用于物体表面消毒。

⑦烧碱

a. 用途：用于圈舍、饲槽、用具、运输工具等的消毒。

b. 使用浓度：1%~2%的水溶液用于圈舍、饲槽、用具、运输工具的消毒；3%~5%的水溶液用于炭疽芽孢污染场地的消毒。

c. 注意事项：

对金属物品有腐蚀作用，消毒完毕用水冲洗干净。

对皮肤、被毛、黏膜、衣物有强腐蚀和损坏作用，注意个人防护。

对畜禽圈舍和食具消毒时，须空圈或移出动物，间隔半天用水冲洗地面、饲槽后方可让其入舍。

（2）消毒液的配制方法

①操作步骤：

器械与防护用品的准备：

a. 量器的准备：量筒、台秤、药勺、盛药容器（最好是搪瓷或塑料耐腐蚀制品）、温度计等。

b. 防护用品的准备：工作服、口罩、护目镜、橡胶手套、胶靴、毛巾、肥皂等。

c. 消毒药品的选择：依据消毒对象表面的性质和病原微生物的抵抗力，选择高效、低毒、使用方便、价格低廉的消毒药品。依据消毒对象面积（如场地、动物舍内地面、墙壁的面积和空间大小等）计算消毒药用量。

②配制方法：

a. 75%酒精溶液的配制：用量器称取95%医用酒精789.5毫升，加蒸馏水（或纯净水）稀释至1000毫升，即为75%酒精，配制完成后密闭保存。

b. 5%氢氧化钠的配制：称取50克氢氧化钠，装入量器内，加入适量水（最好用60℃~70℃热水），搅拌使其溶解，再加水至1000毫升，即得，配制完成后密闭保存。

c. 0.1%高锰酸钾的配制：称取 1 克高锰酸钾，装入量器内，加水 1000 毫升，使其充分溶解即得。

d. 2%碘酊的配制：称取碘化钾 15 克，装入量器内，加蒸馏水 20 毫升溶解后，再加碘片 20 克及乙醇 500 毫升，搅拌使其充分溶解，再加入蒸馏水至 1000 毫升，搅匀，滤过，即得。

e. 碘甘油的配制：称取碘化钾 10 克，加入 10 毫升蒸馏水溶解后，再加碘 10 克，搅拌使其充分溶解后，加入甘油至 1000 毫升，搅匀，即得。

f. 熟石灰（消石灰）的配制：生石灰（氧化钙）1 千克，装入容器内，加水 350 毫升，生成粉末状即为熟石灰，可撒布于阴湿地面、污水池、粪地周围等处消毒。

g. 20%石灰乳的配制：1 千克生石灰加 5 千克水即为 20%石灰乳。配制时最好用陶瓷缸或木桶等。首先称取适量生石灰，装入容器内，把少量水（350 毫升）缓慢加入生石灰内，稍停，使石灰变为粉状的熟石灰时，再加入余下的 4650 毫升水，搅匀即成 20%石灰乳。

③注意事项：

a. 选用适宜大小的量器，取少量液体，避免用过大的量器，以免造成误差。

b. 某些消毒药品（如生石灰）遇水会产热，应在搪瓷桶、盆等耐热容器中配制。

c. 配制消毒药品的容器必须刷洗干净，以防止残留物质与消毒药发生理化反应，影响消毒效果。

d. 配制好的消毒液放置时间过长，大多数效力会降低或完全失效。因此，消毒药应现配现用。

e. 做好个人防护，配制消毒液时应戴橡胶手套、穿工作服，严禁用手直接接触，以免灼伤。

3. 影响消毒效果的因素

（1）消毒药的种类：

在使用消毒剂时，应因地制宜，根据不同的环境特点，针对所要杀灭的病原微生物特点、消毒对象的特点、环境温度、湿度、酸碱度等，选择对病原体消毒力强，对人畜毒性小，不损坏被消毒物体，易溶于水，在消毒环境中比较稳定，价廉易得，使用方便的消毒剂。如饮水消毒场选用漂白粉等；消毒畜禽体表时，应选择消毒效果好而又对畜禽无害的0.1%新洁尔灭、0.1%过氧乙酸等。如室温在16℃以上时，可用乳酸、过氧乙酸或甲醛熏蒸消毒；高锰酸钾与40%甲醛配合使用可用于清洁空舍的熏蒸消毒。

（2）消毒方法：

根据消毒药的性质和消毒对象的特点，选择喷洒、熏蒸、浸泡、洗刷、擦拭、撒布等适宜的消毒方法。

（3）消毒剂的浓度与剂量：

①稀释度：选择可有效杀灭病原微生物的消毒浓度，而且是要达到要求的最低浓度。

②消毒剂的用量：一般来说，消毒剂的浓度和消毒效果成正比，即消毒剂浓度越大，其消毒效力越强（但是70%~75%酒精比其他浓度酒精消毒效力都强）。但浓度越大，对机体、器具的损伤或破坏作用也越大。因此，在消毒时，应根据消毒对象、消毒目的，选择既有效而又安全的浓度，不可随意加大或减少药物的浓度。熏蒸消毒时，应根据消毒空间大小和消毒对象计算消毒剂用量。

③科学地交替使用或配合使用消毒剂：根据不同消毒剂的特性、成分、原理，可选择多种消毒剂交替使用或配合使用。但在配合使用时，应注意药物间的配伍禁忌，防止配合后反应引起的减效或失效。如苯酚忌配合高锰酸钾、过氧化物；新洁尔灭忌与碘化钾、过氧乙酸等配伍使用。

（4）环境温度、湿度：

环境温度、湿度和酸碱度对消毒效果都有明显的影响，必须加以注意。一般来说，温度升高，消毒剂杀菌能力增强。湿度对许多气体消毒剂的消毒作用有明显的影响，直接喷洒消毒干粉剂消毒时，需要有较高的相对湿度，使药物潮解后才能充分发挥作用。

（5）有机物的影响：

粪便、饲料残渣、污物、排泄物、分泌物等，对病原微生物有机械保护作用和降低消毒剂消毒效果的作用。因此，在使用消毒剂消毒时必须先将消毒对象（地面、设备、用具、墙壁等）清扫、洗刷干净，再使用消毒剂，使消毒剂能充分作用于消毒对象。

（6）消毒液的接触时间：

消毒剂与病原微生物接触时间越长，杀死病原微生物越多。因此，消毒时，要使消毒剂与消毒对象有足够的接触时间。

（7）消毒操作规范：

消毒剂只有接触病原微生物，才能将其杀灭。因此，喷洒消毒剂一定要均匀，每个角落都喷洒到位，避免操作不当，影响消毒效果。

4. 器具消毒

（1）饲养用具的消毒：

饲养用具包括食槽、饮水器、料车、添料锹等，所用饲养用具定期进行消毒。

①操作步骤：

a. 根据消毒对象不同，配制消毒药。

b. 清扫（清洗）饲养用具。

如饲槽应及时清理剩料，然后用清水进行清洗。

c. 消毒，根据饲养用具的不同，可分别采用浸泡、喷洒、熏蒸等方法进行消毒。

②注意事项：

a. 注意选择消毒方法和消毒药：

饲养器具用途不同，应选择不同的消毒药，如笼舍消毒可选用福尔马林进行熏蒸，而食槽或饮水器一般选用过氧乙酸、高锰酸钾等进行消毒；金属器具也可选用火焰消毒。

b. 保证消毒时间：

由于消毒药的性质不同，因此在消毒时，应注意不同消毒药的有效消毒时间。

（2）运载工具的消毒：

运载工具主要是车辆，一般根据用途不同，将车辆分为运料车、清污车、运送动物的车辆等。车辆的消毒主要应用喷洒消毒法。

①操作步骤：

a. 准备消毒药品：

根据消毒对象和消毒目的的不同，选择消毒药物，仔细称量后装入容器内进行配制。

b. 清扫（清洗）运输工具：

应用物理消毒法对运输工具进行清扫和清洗，去除污染物，如粪便、尿液、撒落的饲料等。

c. 消毒：

运输工具清洗后，根据消毒对象和消毒目的，选择适宜的消毒方法进行消毒，如喷雾消毒或火焰消毒。

②注意事项：

a. 注意消毒对象，选择适宜的消毒方法。

b. 消毒前一定要清扫（洗）运输工具，保证运输工具表面黏附的有机物污染物的清除，这样才能保证消毒效果。

c. 进出疫区的运输工具要按照《动物卫生防疫法》的要求进行消毒处理。

（3）医疗器具的消毒：

①注射器械消毒：

将注射器用清水冲洗干净，如为玻璃注射器，将针管与针芯分开，用纱布包好；如为金属注射器，拧松调节螺丝，抽出活塞，取出玻璃管，用纱布包好。针头用清水冲洗干净，成排插在多层纱布的夹层中，镊子、剪刀洗净，用纱布包好。将清洗干净包装好的器械放入煮沸消毒器内灭菌。煮沸消毒时，100℃的条件下水沸后保持15~30分钟，海拔每升高300米，煮沸时间延长2分钟。灭菌后，放入无菌带盖搪瓷盘内备用。煮沸消毒的器械当日使用，超过保存期或打开后，需重新消毒后，方能使用。连续注射器的塑料瓶和塑料软管消毒参考饮水器的消毒。

②刺种针的消毒：

用清水洗净，高压或煮沸消毒。

③饮水器消毒：

用清洁卫生水刷洗干净，用消毒液浸泡消毒，然后用清洁卫生的流水认真冲洗干净，不能有任何消毒剂、洗涤剂、抗菌药物、污物等残留。

④点眼、滴鼻滴管的消毒：

用清水洗净，高压或煮沸消毒。

⑤清洗喷雾器：

喷雾免疫前，先要用清洁卫生的水将喷雾器内桶、喷头和输液管清洗干净，不能有任何消毒剂、洗涤剂、铁锈和其他污物等残留；然后再用定量清水进行试喷，确定喷雾器的流量和雾滴大小，以便掌握喷雾免疫时来回走动的速度。

5. 畜舍空气消毒

（1）紫外线照射消毒：

紫外线灯（或者臭氧发生器）能辐射出波长主要为 253.7 纳米的紫外线，杀菌能力强而且较稳定。紫外线对不同的微生物灭活所需的照射量不同。革兰氏阴性无芽孢杆菌最易被紫外线杀死，而杀死葡萄球菌和链球菌等革兰氏阳性菌照射量则需加大 5~10 倍。病毒对紫外线的抵抗力更大一些。需氧芽孢杆菌的芽孢对紫外线的抵抗力比其繁殖体要高许多倍。

①操作步骤：

a. 消毒前准备：

紫外线灯一般于空间 6~15 米³ 安装一只，灯管距地面 2.5~3 米为宜，紫外线灯于室内温度 10℃~15℃，相对湿度 40%~60% 的环境中使用，杀菌效果最佳。

b. 将电源线正确接入电源，合上开关。

c. 照射的时间应不少于 30 分钟。否则杀菌效果不佳或无效，达不到消毒的目的。

d. 操作人员进入洁净区时应提前 10 分钟关掉紫外灯。

②注意事项：

a. 紫外线对不同的微生物有不同的致死剂量，消毒时应根据微生物的种类而选择适宜的照射时间。

b. 在固定光源情况下，被照物体越远，效果越差，因此应根据被照面积、距离等因素安装紫外线灯（一般距离被消毒物 2 米左右）。

c. 紫外线对眼黏膜及视神经有损伤作用，对皮肤有刺激作用，所以人员应避免在紫外灯下工作，必要时需穿防护工作衣帽，并戴有色眼镜进行工作。

d. 房间内存放着药物或原辅包装材料，而紫外灯开启后对其有影响，房间内有操作人员进行操作时，此房间不得开启紫外灯。

e. 紫外灯管的清洁，应用毛巾蘸取无水乙醇擦拭其灯管，不得用手直接接触灯管表面。

f. 紫外灯的杀菌强度会随着使用时间逐渐衰减，故应在其杀菌强度降至 70% 后，及时更换紫外灯，也就是紫外灯使用 1400 小时后，更换紫外灯。

（2）喷雾消毒：

喷雾法消毒是利用气泵将空气压缩，然后通过气雾发生器，使稀释的消毒剂形成一定大小的雾化粒子，均匀地悬浮于空气中，或均匀地覆盖于被消毒物体表面，达到消毒目的。

①喷雾器的使用：

喷雾器有两种，一种是手动喷雾器，一种是机动喷雾器。手动喷雾器又有背携式、手压式两种，常用于小面积消毒。机动喷雾器又有背携式、担架式两种，常用于大面积消毒。

②喷雾消毒的步骤：

a. 器械与防护用品准备：喷雾器、天平、量筒、容器等。高筒靴、防护服、口罩、护目镜、橡胶手套、毛巾、肥皂等。消毒药品应根据污染病原微生物的抵抗力、消毒对象的特点，选择高效低毒、使用简便、质量可靠、价格便宜、容易保存的消毒剂。

b. 配置消毒药：根据消毒药的性质，进行消毒药的配制，将配制的适量消毒药装入喷雾器中，以八成为宜。

c. 打气：感觉有一定抵抗力（反弹力）时即可喷洒。

d. 喷洒：喷洒时将喷头高举空中，喷嘴向上以画圆圈方式先内后外逐步喷洒，使药液如雾一样缓缓下落。要喷到墙壁、屋顶、地面，以均匀湿润和畜禽体表稍湿为宜，不适用带畜禽消毒的消毒药，不得直喷畜禽。喷出的雾粒直径应控制在 80~120 微米之间，不要小于 50 微米。

e. 消毒完成后，当喷雾器内压力很强时，先打开旁边的小螺丝放完气，再打开筒盖，倒出剩余的药液，用清水将喷管、喷头和筒体冲干净，晾干或擦干后放在通风、阴凉、干燥处保存，切忌阳光曝晒。

③注意事项：

a. 装药时，消毒剂中的不溶性杂质和沉渣不能进入喷雾器，以免在喷洒过程中出现喷头堵塞现象。

b. 药物不能装得太满，以八成为宜，否则，不易打气或造成筒身爆裂。

c. 气雾消毒效果的好坏与雾滴粒子大小以及雾滴均匀度密切相关。喷出的雾粒直径应控制在 80~120 微米，过大易造成喷雾不均匀和禽舍太潮湿，且在空中下降速度太快，与空气中的病原微生物、尘埃接触不充分，起不到消毒空气的作用；雾粒太小则易被畜禽吸入肺泡，诱发呼吸道疾病。

d. 喷雾时，房舍应密闭，关闭门、窗和通风口，减少空气流动。

e. 喷雾过程中要时时注意喷雾质量，发现问题或喷雾出现故障，应立即停止操作，进行校正或维修。

f. 使用者必须熟悉喷雾器的构造和性能，并按使用说明书操作。

g. 喷雾完成后，要用清水清洗喷雾器，让喷雾器充分干燥后，包装保存好，注意防止腐蚀。不要用去污剂或消毒剂清洗容器内部。定期保养。

（3）熏蒸消毒：

①操作步骤：

a. 药品、器械与防护用品准备：消毒药品可选用福尔马林、高锰酸钾粉、固体甲醛、烟熏百斯特、过氧乙酸等；准备温度计、湿度计、加热器、容器等器材，防护服、口罩、手套、护目镜等防护用品。

b. 清洗消毒场所：先将需要熏蒸消毒的场所（畜禽舍、孵化器等）彻底清扫、冲洗干净。有机物的存在影响熏蒸消毒效果。

c. 分配消毒容器：将盛装消毒剂的容器均匀的摆放在要消毒的场所内，如动物舍长度超过 50 米，应每隔 20 米放一个容器。所使用的容器必须是耐燃烧的，通常用陶瓷或搪瓷制品。

d. 关闭所有门窗、排气孔。

e. 配制消毒药。

f. 熏蒸：根据消毒空间大小，计算消毒药用量，进行熏蒸。

固体甲醛熏蒸：按每立方米 3.5 克用量，置于耐烧容器内，放在热源上加热，当温度达到 20℃时即可挥发出甲醛气体。

烟熏百斯特熏蒸：每套（主剂+副剂）可熏蒸 120~160 米³。主剂+副剂混匀，置于耐烧容器内，点燃。

高锰酸钾与福尔马林混合熏蒸：进行畜禽空舍熏蒸消毒时，一般每立方米用福尔马林 14~42 毫升、高锰酸钾 7~21 克、水 7~21 毫升，熏蒸消毒 7~24 小时。种蛋消毒时福尔马林 28 毫升、高锰酸钾 14 克、水 14 毫升，熏蒸消毒 20 分钟。杀灭芽孢时每立方米需福尔马林 50 毫升。如果反应完全，则只剩下褐色干燥粉渣；如果残渣潮湿说明高锰酸钾用量不足；如果残渣呈紫色说明高锰酸钾加得太多。

过氧乙酸熏蒸：使用浓度是 3%~5%，每立方米用 2.5 毫升，在相对湿度 60%~80%条件下，熏蒸 1~2 小时。

②注意事项：

a. 注意操作人员的防护：在消毒时，消毒人员要戴好口罩、护目镜，穿好防护服，防止消毒液损伤皮肤和黏膜，刺激眼睛。

b. 甲醛消毒的注意事项：

甲醛熏蒸消毒必须有适宜的温度和相对湿度，温度 18℃~25℃较为适宜；相对湿度 60%~80%，较为适宜。室温不能低于 15℃，相对湿度不能低于 50%。

如消毒结束后甲醛气味过浓，若想快速清除甲醛的刺激性，可用浓氨水（2~5 毫升/米³）加热蒸发以中和甲醛。

用甲醛熏蒸消毒时，使用的容器容积应比甲醛溶液大 10 倍，必须先放高锰酸钾，后加甲醛溶液，加入后人员要迅速离开。

c. 过氧乙酸消毒的注意事项：过氧乙酸性质不稳定，容易自然分解，因此，过氧乙酸应现用现配。

6. 动物饲养场所的消毒

养殖场消毒的目的是消灭传染源散播于外界环境中的病原微生物，切断传播途径，阻止疫病继续蔓延。养殖场应建立切实可行的消毒制度，定期对畜禽舍地面、土壤、粪便、污水、皮毛等进行消毒。

（1）入场消毒：

养殖场大门入口处设立消毒池（池宽同大门，深 20~40 厘米，长度为机动车车轮转 1.5~2 转，一般为 4~5 米），内放 2%氢氧化钠液，每半月更换 1 次。大门入口处设消毒室，室内吊紫外线消毒灯或超声波消毒雾化器，光触媒机，屋内放置养殖场用具。准备几套工作服、雨靴、不透水手套、口罩及防护眼镜。进入生产区的工作人员，每次进入圈舍以前，必须穿戴好已消毒的工作服、手套、口罩、眼镜，使用已消毒的用具；出圈舍之前，必须脱下工作服等衣物，将衣物同其他用具放在紫外线消毒灯下消毒 30~60 分钟，严禁相互串舍（圈）。不准带入可能污染的畜产品或物品。

（2）畜舍消毒：

畜舍除保持干燥、通风，冬暖、夏凉以外，平时还应做好消毒。一般分两个步骤进行：第一步先进行机械清扫；第二步用消毒液。畜舍及运动场应每天打扫，保持清洁卫生，料槽、水槽干净，每周消毒一次，圈舍内可用过氧乙酸做带畜消毒，0.3%~0.5%做舍内环境和物品的喷洒消毒或加热做熏蒸消毒（每立方米空间用2~5毫升）。

（3）空畜舍的常规消毒程序：

首先彻底清扫干净粪尿。用2%氢氧化钠喷洒和刷洗墙壁、笼架、槽具、地面，消毒1~2小时后，用清水冲洗干净，待干燥后，用0.3%~0.5%过氧乙酸喷洒消毒。对于密闭畜舍，还应用甲醛熏蒸消毒，方法是每立方米空间用40%甲醛30毫升，倒入适当的容器内，再加入高锰酸钾15克，注意，此时室温不应低于15℃，否则要加入热水20毫升。为了减少成本，也可不加高锰酸钾，但是要用猛火加热甲醛，使甲醛迅速蒸发，然后熄灭火源，密封熏蒸12~14小时。打开门窗，除去甲醛气味。

（4）畜舍外环境消毒：

畜舍外环境及道路要定期进行消毒，填平低洼地，铲除杂草，灭鼠、灭蚊蝇、防鸟等。

（5）生产区专用设备消毒：

生产区专用送料车每周消毒1次，可用0.3%过氧乙酸溶液喷雾消毒。进入生产区的物品、用具、器械、药品等要通过专门消毒后才能进入畜舍。可用紫外线照射消毒。

（6）注意事项：

①养殖场大门、生产区和畜舍入口处皆要设置消毒池，内放火碱液，一般10~15天更换新配的消毒液。畜舍内用具消毒前，一定要先彻底清扫干净粪尿。

②尽可能选用广谱的消毒剂或根据特定的病原体选用对其作用最强的消毒药。消毒药的稀释度要准确，应保证消毒药能有效杀灭病原微生物，并要防止腐蚀、中毒等问题的发生。

③有条件或必要的情况下，应对消毒质量进行检测，检测各种消毒药的使用方法和效果。注意消毒药之间的相互作用，防止相互作用使药效降低。

④不准任意将两种不同的消毒药物混合使用或消毒同一种物品，因

为两种消毒药合用时常因物理或化学配伍禁忌而使药物失效。

⑤消毒药物应定期替换，不要长时间使用同一种消毒药物，以免病原菌产生耐药性，影响消毒效果。

（八）免疫接种知识

1. 疫苗基础知识

（1）疫苗的概念：

由病原微生物、寄生虫以及其组分或代谢产物所制成的、用于人工自动免疫的生物制品，称为疫苗。给动物接种疫苗，刺激机体免疫系统发生免疫应答，产生抵抗特定病原微生物（或寄生虫）感染的免疫力，从而预防疫病。

（2）疫苗种类：

由细菌、病毒、立克次氏体、螺旋体、支原体等完整微生物制成的疫苗，称为常规疫苗。常规疫苗按其病原微生物性质分为活疫苗、灭活疫苗、类毒素。

利用分子生物学、生物工程学、免疫化学等技术研制的疫苗，称为新型疫苗，主要有亚单位疫苗、基因工程疫苗、合成肽疫苗、核酸疫苗等。

①活疫苗：

活疫苗是指用通过人工诱变获得的弱毒株，或者是自然减弱的天然弱毒株（但仍保持良好的免疫原性），或者是异源弱毒株所制成的疫苗。例如布鲁氏菌病活疫苗、猪瘟活疫苗、鸡马立克氏病活疫苗（Ⅱ型）、鸡马立克氏病火鸡疱疹病毒活疫苗等。

a. 活疫苗的优点：

免疫效果好。接种活疫苗后，活疫苗在一定时间内，在动物机体内有一定的生长繁殖能力，机体犹如发生一次轻微的感染，所以活疫苗用量较少，而机体所获得的免疫力比较坚强而持久。

接种途径多。可通过滴鼻、点眼、饮水、口服、气雾等途径，刺激机体产生细胞免疫、体液免疫和局部黏膜免疫。

b. 活疫苗的缺点：

可能出现毒力返强。一般来说，活疫苗弱毒株的遗传性状比较稳定，但由于反复接种传代，可能出现病毒返祖现象，造成毒力增强。

贮存、运输要求条件较高。一般冷冻干燥活疫苗，需-15℃以下贮藏、运输，因此必须具有低温贮藏、运输设施，进行贮藏、运输，才能保证疫苗质量。

免疫效果受免疫动物用药状况影响。活疫苗接种后，疫苗菌毒株在机体内有效增殖，才能刺激机体产生免疫保护力，如果免疫动物在此期间用药，就会影响免疫效果。

②灭活疫苗：

灭活疫苗是选用免疫原性良好的细菌、病毒等病原微生物经人工培养后，用物理或化学方法将其杀死（灭活），使其传染因子被破坏而仍保留其免疫原性所制成的疫苗。灭活疫苗根据所用佐剂不同又可分为氢氧化铝胶佐剂、油乳佐剂、蜂胶佐剂等灭活疫苗。

a. 灭活疫苗的优点：

安全性能好，一般不存在散毒和毒力返祖的危险。

一般只需在2℃~8℃贮藏和运输。

受母源抗体干扰小。

b. 灭活疫苗的缺点：

接种途径少。主要通过皮下或肌肉注射进行免疫。

产生免疫保护所需时间长。由于灭活疫苗在动物体内不能繁殖，因而接种剂量较大，产生免疫力较慢，通常需2~3周后才能产生免疫力，故不适于用作紧急预防免疫。

疫苗吸收慢，注射部位易形成结节，影响肉的品质。

③类毒素：

将细菌在生长繁殖中产生的外毒素，用适当浓度（0.3%~0.4%）的甲醛溶液处理后，其毒性消失而仍保留其免疫原性，称为类毒素。类毒素经过盐析并加入适量的磷酸铝或氢氧化铝胶等，即为吸附精制类毒素，注入动物机体后吸收较慢，可较久地刺激机体产生高滴度抗体以增强免疫效果。如破伤风类毒素，注射一次，免疫期1年，第二年再注射一次，免疫期可达4年。

④新型疫苗：

目前在预防动物疫病中，已广泛使用的新型疫苗主要有：基因工程亚单位疫苗，如仔猪大肠埃希氏菌病 K88、K99 双价基因工程疫苗，仔猪大肠埃希氏菌病 K88、LTB 双价基因工程疫苗；基因工程基因缺失疫苗，如猪伪狂犬病病毒 TK/gG 双基因缺失活疫苗、猪伪狂犬病病毒 gG 基因缺失灭活疫苗；基因工程基因重组活载体疫苗，如禽流感重组鸡痘病毒载体活疫苗；合成肽疫苗，如猪口蹄疫 O 型合成肽疫苗。

(3) 疫苗的有效期、失效期、批准文号：

①有效期：

疫苗的有效期是指在规定的贮藏条件下能够保持质量的期限。

疫苗的有效期按年月顺序标注：

年份：四位数。

月份：两位数。

计算：从疫苗的生产日期（生产批号）算起。

如某批疫苗的生产批号是 20060731，有效期 2 年，即该批疫苗的有效期到 2008 年 7 月 31 日止。如具体标明有效期到 2008 年 6 月，表示该批疫苗在 2008 年 6 月 30 日之前有效。

②失效期：

疫苗的失效期是指疫苗超过安全有效范围的日期。如标明失效期为 2007 年 7 月 1 日，表示该批疫苗可使用到 2007 年 6 月 30 日，即 7 月 1 日起失效。

疫苗的有效期和失效期虽然在表示方法上有些不同，计算上有差别，但任何疫苗超过有效期或达到失效期者，均不能再销售和使用。

③疫苗的批准文号：

疫苗批准文号的编制格式为：疫苗类别名称+年号+企业所在地省份（自治区、直辖市）序号+企业序号+疫苗品种编号。

（4）疫苗的贮藏与运输：

①疫苗的贮藏：

a. 阅读疫苗的使用说明书：

掌握疫苗的贮藏要求，严格按照疫苗说明书规定的要求贮藏。

b. 选择贮藏条件：

选择贮藏设备：

根据不同疫苗品种的储藏要求，设置相应的贮藏设备，如低温冰柜、电冰箱、液氮罐、冷藏柜等。

设置贮藏温度：

不同的疫苗要求不同的贮藏温度。

冻干活疫苗：一般要求在-15℃条件下贮藏，温度越低，保存时间越长。如猪瘟活疫苗、鸡新城疫活疫苗等。

灭活疫苗：一般要求在2℃~8℃条件下贮藏，不能低于0℃，更不能冻结，如口蹄疫灭活疫苗、禽流感灭活疫苗等。

细胞结合型疫苗：如马立克氏病血清Ⅰ、Ⅱ型疫苗等必须在液氮中（-196℃）贮藏。

避光，防止潮湿。

所有疫苗都应贮藏于冷暗、干燥处，避免光照直射和防止受潮。

c. 分类存放：

按疫苗的品种和有效期分类存放，并标以明显标志，以免混乱而造成差错。超过有效期的疫苗，必须及时清除并销毁。

d. 建立疫苗管理台账：

详细记录出入疫苗品种、批准文号、生产批号、规格、生产厂家、有效日期、数量等。应根据说明书要求存放在相应的设备中。

e. 疫苗贮藏的注意事项：

规定的温度贮藏：

在贮藏过程中，应保证疫苗的内、外包装完整无损。防止内、外包装破损，以致无法辨认其名称、有效期等。

②疫苗的运输：

a. 包装：

运输疫苗时，要妥善包装，防止运输过程中发生损坏。

b. 保温：

冻干活疫苗：应冷藏运输。如果量小，可将疫苗装入保温瓶或保温箱内，再放入适量冰块进行包装运输；如果量大，应用冷藏运输车运输。

灭活疫苗：宜在 2℃~8℃的温度下运输。夏季运输要采取降温措施，冬季运输采取防冻措施，避免冻结。

细胞结合型疫苗：鸡马立克氏病血清 I、II 型疫苗必须用液氮罐冷冻运输。运输过程中，要随时检查温度，尽快运达目的地。

c. 疫苗运输的注意事项：

应严格按照疫苗贮藏温度要求进行运输。

尽快运输。

所有运输过程中，必须避免日光曝晒。

2. 免疫接种

（1）免疫接种的准备：

①准备疫苗、器械、药品等：

a. 疫苗和稀释液：

按照免疫接种计划或免疫程序规定，准备所需的疫苗和稀释液。

b. 器械：

接种器械：根据不同方法，准备所需要的接种器械。注射器、针头、镊子；刺种针；点眼（滴鼻）滴管；饮水器、玻璃棒、量筒、容量瓶；喷雾器等。

消毒器械：剪毛剪、镊子、煮沸消毒器等。

保定动物器械。

其他：带盖搪瓷盘、疫苗冷藏箱、冰壶、体温计、听诊器等。

c. 防护用品：

毛巾、防护服、胶靴、工作帽、护目镜、口罩等。

d. 药品：

注射部位消毒：75%酒精、5%碘酊、脱脂棉等。

人员消毒：75%酒精、2%碘酊、来苏儿或新洁尔灭、肥皂等。

急救药品：0.1%盐酸肾上腺素、地塞米松磷酸钠、盐酸异丙嗪、5%葡萄糖注射液、强力解毒敏等。

e. 其他物品：

免疫接种登记表、免疫证、免疫耳标、脱脂棉、纱布、冰块等。

②消毒器械：

冲洗：

将注射器、点眼滴管、刺种针等接种用具先用清水冲洗干净。

a. 玻璃注射器：将注射器针管、针芯分开，用纱布包好。

b. 金属注射器：应拧松活塞调节螺丝，放松活塞，用纱布包好；将针头用清水冲洗干净，成排插在多层纱布的夹层中；镊子、剪刀洗净，用纱布包好。

灭菌：将洗净的器械高压灭菌15分钟。煮沸消毒，放入煮沸消毒器内，加水淹没器械2厘米以上，煮沸30分钟，待冷却后放入灭菌器皿中备用。煮沸消毒的器械当日使用，超过保存期或打开后，需重新消毒后，方能使用。

注意事项：器械清洗一定要保证清洗的洁净度。

灭菌后的器械一周内不用，下次使用前应重新消毒灭菌。

禁止使用化学药品消毒。

使用一次性无菌塑料注射器时，要检查包装是否完好和是否在有效期内。

③人员消毒和防护：

消毒：免疫接种人员剪短手指甲，用肥皂、消毒液（来苏儿或新洁尔灭溶液等）洗手，再用75%酒精消毒手指。

个人防护：穿工作服、胶靴，戴橡胶手套、口罩、帽等。

注意事项：不可使用对皮肤造成损害的消毒液洗手。在进行气雾免疫和布病免疫时应戴护目镜。

④检查待接种动物健康状况：

为了保证免疫接种动物安全及接种效果，接种前应了解预定接种动物的健康状况。

检查动物的精神、食欲、体温，不正常的不接种或暂缓接种。

检查动物是否发病、是否瘦弱，发病、瘦弱的动物不接种或暂缓接种。

检查是否存在幼小的、年老的、怀孕后期的动物，这些动物应不予接种或暂缓接种。

对上述动物进行登记，以便以后补种。

⑤检查疫苗外观质量：检查疫苗外观质量，凡发现疫苗瓶破损、瓶盖或瓶塞密封不严或松动、无标签或标签不完整（包括疫苗名称、批准文号、生产批号、出厂日期、有效期、生产厂家等）、超过有效期、色泽改变、发生沉淀、破乳或超过规定量的分层、有异物、有霉变、有摇不散凝块、有异味、无真空等，一律不得使用。

⑥详细阅读使用说明书：详细阅读疫苗使用说明书，了解疫苗的用途、用法、用量和注意事项等。

⑦预温疫苗：疫苗使用前，应从贮藏容器中取出疫苗，置于室温（15℃~25℃），平衡疫苗温度；鸡马立克氏病活疫苗应将液氮罐中取出的疫苗，迅速放入27℃~35℃温水中速融（不能超过10秒）后稀释。

⑧稀释疫苗：按疫苗使用说明书注明的头（只）份，用规定的稀释液，按规定的稀释倍数和稀释方法稀释疫苗。无特殊规定可用注射用水或生理盐水，有特殊规定的应用规定的专用稀释液稀释疫苗。

稀释时先除去稀释液和疫苗瓶封口的火漆或石蜡。

用酒精棉球消毒瓶塞。

用注射器抽取稀释液，注入疫苗瓶中，振荡，使其完全溶解。

补充稀释液至规定量。

如原疫苗瓶装不下，可另换一个已消毒的大瓶。

⑨吸取疫苗：轻轻振摇，使疫苗混合均匀；排净注射器、针头内水分；用75%酒精棉球消毒疫苗瓶瓶塞；将注射器针头刺入疫苗瓶液面下，吸取疫苗。

（2）注射器的使用：

注射器是一种用于将水剂或油乳剂等液体兽药（或疫苗）注入动物机体内的专用装置，可分金属注射器、玻璃注射器和连续注射器几类。

①金属注射器：

主要由金属支架、玻璃管、橡胶活塞、剂量螺栓等组件组成，最大装量有10毫升、20毫升、30毫升、50毫升等4种规格，特点是轻便、耐用、装量大，适用于猪、牛、羊等中大型动物注射。

a. 使用方法：

装配金属注射器：先将玻璃管置金属套管内，插入活塞，拧紧套筒玻璃管固定螺丝，旋转活塞调节手柄至适当松紧度。

检查是否漏水：抽取清洁水数次；以左手食指轻压注射器药液出口，拇指及其余三指握住金属套管，右手轻拉手柄至一定距离（感觉到有一定阻力），松开手柄后活塞可自动回复原位，则表明各处接合紧密，不会漏水，即可使用。若拉动手柄无阻力，松开手柄，活塞不能回原位，则表明接合不紧密，应检查固定螺丝是否上正拧紧，或活塞是否太松，经调整后，再行抽试，直至符合要求为止。

针头的安装：消毒后的针头，用医用镊子夹取针头座，套上注射器针座，顺时针旋转半圈并略向下用力，针头装上，反之，逆时针旋转半圈并略向外用力，针头卸下。

装药剂：利用真空把药剂从药物容器中吸入玻璃管内，装药剂时应注意先把适量空气注进容器中，避免容器内产生负压而吸不出药剂。装量一般掌握在最大装量的50%左右，吸药剂完毕，针头朝上排空管内空气，最后按需要剂量调整计量螺栓至所需刻度，每注射一头动物调整一次。

b. 注意事项：

金属注射器不宜用高压蒸汽灭菌或干热灭菌法，因其中的橡胶圈及垫圈易于老化。一般使用煮沸消毒法灭菌。

每打一头动物都应调整计量螺栓。

②连续注射器：

a. 构成：主要由支架、玻璃管、金属活塞及单向导流阀等组件组成。

b. 作用原理：单向导流阀在进、出药口分别设有自动阀门，当活塞推进时，出口阀打开而进口阀关闭，药液由出口阀射出，当活塞后退时，出口阀关闭而进口阀打开，药液由进口吸入玻璃管。

c. 特点：最大装量多为2毫升，特点是轻便、效率高，剂量一旦设定后可连续注射动物而保持剂量不变。

d. 适用范围：适用于家禽、小动物注射。

e. 使用方法及注意事项：

调整所需剂量并用锁定螺栓锁定，注意所设定的剂量应该是金属活塞向后移动的刻度数。

药剂导管插入药物容器内，同时容器瓶再插入一只进空气用的针头，使容器与外界相通，避免容器产生负压，最后针头朝上连续推动活塞，排出注射器内空气直至药剂充满玻璃管，即可开始注射动物。

特别注意，注射过程要经常检查玻璃管内是否存在空气，有空气立即排空，否则影响注射剂量。

③注射器常见故障的处理：表1

表 1　注射器常见故障及处理方法

故障	原因	处理方法	注射器种类
药剂泄露	装配过松	拧紧	金属、连续
药剂反窜活塞背后	活塞过松	拧紧	金属
推药时费劲	活塞过紧 玻璃盖磨损	放松 更换	金属 金属
药剂打不出去	针头堵塞	更换	金属、连续
活塞松紧无法调整	橡胶活塞老化	更换	金属
空气排不尽（或装药时玻璃管有空气）	装配过松 出口阀有杂物 导流管破损 金属活塞老化	拧紧 清除 更换 更换活塞和玻璃管	连续 连续 连续 连续
注射推药力度突然变轻	进口阀有杂物,药剂回流	清除	连续
药剂进入玻璃管缓慢或不进入	容器产生负压	更换或调整容器上空气针头	连续

④断针的处理：

出现断针事故时，可采用下列方法处理。

断端部分针身显露于体外时，可用手指或镊子将针取出。

断端与皮肤相平或稍凹陷于体内者时，可用左拇指和食指垂直向下挤压针孔两侧，使断针暴露体外，右手持镊子将针取出。

断针完全深入皮下或肌肉深层时，应进行标识处理。

为了防止断针，注射过程中应注意以下事项：

在注射前应认真仔细地检查针具，对认为不符合质量要求的针具，应剔除不用。

避免过猛、过强的行针。

在进针行针过程中，如发现弯针时，应立即出针，切不可强行刺入。

对于滞针等亦及时正确地处理，不可强行硬拔。

（3）免疫接种常用方法：

①禽颈部皮下免疫接种：

a. 适用范围：

幼禽。

b. 保定：

左手握住幼禽。

c. 选择注射部位：

在颈背部下 1/3 处，用大拇指和食指捏住颈中线的皮肤并向上提起，使其形成一囊。

d. 注射：

针头从颈部下 1/3 处，针孔向下与皮肤呈 45°从前向后方向刺入皮下 0.5~1 厘米，推动注射器活塞，缓缓注入疫苗，注射完后，快速拔出针头。

e. 注意事项：

注射过程中要经常检查连续注射器是否正常。

捏皮肤时，一定要捏住皮肤，而不能只捏住羽毛。

注射时不可因速度过快而把疫苗注到体外。

确保针头刺入皮下，避免把疫苗注射到体外。

②大动物皮下免疫接种：

a. 适用范围：

牛、马等大家畜。

b. 选择注射部位：

宜在颈侧中 1/3 部位，选择皮薄、被毛少、皮肤松弛、皮下血管少的地方。

c. 保定动物：

用鼻钳保定好动物。

d. 注射部位消毒：

e. 注射：

左手食指与拇指将皮肤提起呈三角形，右手持注射器，沿三角形基部刺入皮下约2厘米；左手放开皮肤（如果针头刺入皮下，则可较自由地拨动），回抽针芯，如无回血，然后再推动注射器活塞将疫苗徐徐注入。

f. 注射完消毒：

注射后，用消毒干棉球按住注射部，将针头拔出，最后涂以5%碘酊消毒。

g. 注意事项：

保定好动物，注意人员安全防护。

接种活疫苗时不能用碘酊消毒接种部位，应用75%酒精消毒，待干后再接种。

避免将疫苗注入血管。

③肌肉免疫接种：

用2%~5%碘酊棉球由内向外螺旋式消毒接种部位，最后用挤干的75%酒精棉球脱碘。

a. 适用范围：

猪、牛、马、羊、犬、兔、鸡等。

b. 注射部位选择：

应选择肌肉丰满，血管少，远离神经干的部位。大家畜（马、牛、骆驼等）宜在臀部或颈部；猪宜在耳后、臀部、颈部；羊、犬、兔宜在颈部；鸡宜在翅膀基部或胸部肌肉。

c. 保定动物：

按前述内容选择适当的保定方法保定好动物。

d. 注射部位消毒：

注射部位按前述方法消毒。

e. 注射：

对中、小家畜可左手固定注射部位皮肤，右手持注射器垂直刺入肌肉后，改用左手挟住注射器和针头尾部，右手回抽一下针芯，如无回血，即可慢慢注入药液。

f. 注射后消毒：

注射完毕，拔出注射针头，涂以 5% 碘酊消毒。

g. 注意事项：

根据动物大小和肥瘦程度不同，掌握刺入深度，以免刺入太深（常见于瘦小畜禽）而刺伤骨膜、血管、神经，或因刺入太浅（常见于大猪）将疫苗注入脂肪而不能吸收。

要根据注射剂量，选择大小适宜的注射器。注射器过大，注射剂量不易准确；注射器过小，操作麻烦。

注射剂量应严格按照规定的剂量注入，禁止打"飞针"，造成注射剂量不足和注射部位不准。

对大家畜，为防止损坏注射器或折断针头，可用分解动作进行注射，即把注射针头取下，以右手拇指、食指紧持针尾，中指标定刺入深度，对准注射部位用腕力将针头垂直刺入肌肉，然后接上注射器，回抽针芯，如无回血，随即注入药液。

给家畜注射，每次注射必须更换一个针头；给农村散养家禽注射，每注射一户必须更换一个针头；给规模饲养场家禽注射，每注射 100 只更换一个针头。

④禽肌肉注射免疫接种：

a. 适用范围：

禽。

b. 选择免疫部位：

胸肌或腿肌。

c. 注射：

调试好连续注射器，确保剂量准确。注射器与胸骨成平行方向，针头与胸肌成 30°~45°

d. 注意事项：

针头与胸肌的角度不要超过 45°，以免刺入胸腔，伤及内脏。

注射过程中，要经常摇动疫苗瓶，使其混匀。

注射时不要图快，以免疫苗流出体外。

使用连续注射器，每注射 500 只禽，要校对一次注射剂量，确保注射剂量准确。

⑤皮内注射免疫接种：

a. 适用范围：

仅适用于绵羊痘活疫苗和山羊痘活疫苗等个别疫苗接种。

b. 注射部位选择：

皮内注射部位，宜选择皮肤致密、被毛少的部位。马、牛宜在颈侧、尾根、肩胛中央，猪宜在耳根后，羊宜在颈侧或尾根部，鸡宜在肉髯部位。

c. 保定动物：

按前述内容选择适当的保定方法保定好动物。

d. 消毒注射部位：

按前述方法进行注射部位消毒。

e. 注射：

用左手将皮肤挟起一皱褶或以左手绷紧固定皮肤，右手持注射器，将针头在皱褶上或皮肤上斜着使针头几乎与皮面平行地轻轻刺入皮内约 0.5 厘米左右，放松左手；左手在针头和针筒交接处固定针头，右手持注射器，徐徐注入药液。如针头确在皮内，则注射时感觉有较大的阻力，同时注射处形成一个圆丘，突起于皮肤表面。

f. 注射后消毒：

注射完毕，拔出针头，用消毒干棉球轻压针孔，以避免药液外溢，最后涂以 5%碘酊消毒。

g. 注意事项：

皮内注射时，注意把握，不要注入皮下。

选择部位尤其重要，一定要按要求的部位选择进针。

皮内注射保定动物一定要严格，注意人员安全。

⑥刺种：

a. 适用范围：

家禽。

b. 选择接种部位：

禽翅膀内侧三角区无血管处。

c. 保定动物

保定好动物。

d. 免疫接种：

左手抓住鸡的一只翅膀，右手持刺种针插入疫苗瓶中，蘸取稀释的疫苗液，在翅膀内侧无血管处刺针。拔出刺种针，稍停片刻，待疫苗被吸收后，将禽轻轻放开。再将刺针插入疫苗瓶中，蘸取疫苗，准备下次刺种。

e. 注意事项：

为避免刺种过程中打翻疫苗瓶，可用小木块，上面钉四根成小正方形的铁钉，固定疫苗瓶。

每次刺种前，都要将刺种针在疫苗瓶中蘸一下，保证每次刺针都蘸上足量的疫苗。并经常检查疫苗瓶中疫苗液的深度，以便及时添加。

要经常摇动疫苗瓶，使疫苗混匀。

注意不要损伤血管和骨骼。

勿将疫苗溅出或触及接种区以外其他部位。

翼膜刺种多用于鸡痘和禽脑脊髓炎疫苗，一般刺种后 7~10 天，刺种部位会出现轻微红肿、结痂，14~21 天痂块脱落。这是正常的疫苗反应。无此反应，则说明免疫失败，应重新补刺。

⑦点眼、滴鼻免疫接种

a. 适用范围：

禽。

b. 选择免疫部位：

幼禽眼结膜囊内、鼻孔内。

c. 免疫接种：

准备疫苗滴瓶：将已充分溶解稀释的疫苗滴瓶装上滴头，将瓶倒置，滴头向下拿在手中，或用点眼滴管吸取疫苗，握于手中并控制好胶头。

保定动物：左手握住幼禽，食指和拇指固定住幼禽头部，幼禽眼或一侧鼻孔向上。

滴疫苗：滴头与眼或鼻保持 1 厘米左右距离，轻捏滴管，滴 1~2 滴疫苗于鸡眼或鼻中，稍等片刻，待疫苗完全吸收后再放开鸡。

d. 注意事项：

滴鼻时，为了便于疫苗吸入，可用手将对侧鼻孔堵住。

不可让疫苗流失，注意保证疫苗被充分吸入。

⑧饮水免疫：

a. 适用范围：

家禽。

b. 准备免疫：

鸡群停止供水 1~4 小时，一般当 70%~80% 的鸡找水喝时，再饮水免疫。

c. 稀释疫苗：

饮水免疫时，饮水量为平时日耗水量的 40%，使疫苗溶液能在 1~1.5 小时内饮完。一般 4 周龄以内的鸡每千只 12 升，4~8 周龄的鸡每千只 20 升，8 周龄以上的鸡每千只 40 升。计算好疫苗和稀释液用量后，在稀释液中加入 0.1%~0.3% 脱脂奶粉，搅匀，疫苗先用少量稀释液溶解稀释后再加入其余溶液于大容器中，一起搅匀，立即使用。

d. 饮水免疫：

将配制好的疫苗水加入饮水器，给鸡饮用。给疫苗水时间一致，饮水器分布均匀，使同一群鸡基本上同时喝上疫苗水。并于 1~1.5 小时内喝完。

e. 注意事项：

炎热季节里，应在上午进行饮水免疫，装有疫苗的饮水器不应暴露在阳光下。

饮水免疫禁止使用金属容器，一般应用硬质塑料或搪瓷器具。

免疫前应清洗饮水器具。将饮水器具用净水或开水洗刷干净，使其不残留消毒剂、铁锈、脏物等。

免疫后残余的疫苗和废（空）疫苗瓶，应集中煮沸等消毒处理，不能随意乱扔。

疫苗稀释时应注意无菌操作，所用器材必须严格消毒。稀释液（饮用水）应清洁卫生、不含氯离子、重金属离子、抗生素和消毒药（一般用中性蒸馏水、凉温开水或深井水）。

疫苗用量必须准确，一般应为注射免疫剂量的 2~3 倍。

应有足够的饮水器，确保每只鸡都能饮到足够的疫苗水。

⑨气雾免疫接种：

a. 羊气雾免疫接种：

配制疫苗：

根据羊只数量计算疫苗和稀释液用量，疫苗用量=（免疫剂量×畜禽舍容积×1000)/(免疫时间×常数×疫苗浓度)。常数为 3~6(羊每分钟吸入空气量为 3100~6000 毫升，故以 3~6 作为羊气雾免疫的常数)。根据计算结果配制疫苗。

免疫接种：

将动物赶入畜舍，关闭门窗，操作者把喷头由门窗缝伸入室内，使喷头与动物头部同高，向室内四面均匀喷雾。喷雾完毕后，动物在圈内停留20~30 分钟即可放出。

b. 鸡群气雾免疫接种：

估算疫苗用量：一般 1 日龄雏鸡喷雾，每千只鸡的喷雾量为150~200毫升；平养鸡 250~500 毫升；笼养鸡为 250 毫升。根据用量制好疫苗。

免疫接种：将雏鸡装在纸箱中，排成一排，喷雾器在距雏鸡 40 厘米处向鸡喷雾，边走边喷，往返 2~3 遍，将疫苗喷完；喷完后将纸箱叠起，使雏鸡在纸箱中停留半小时。

注意事项：

平养鸡喷雾方法，应在清晨或晚上进行，当鸡舍暗至刚能看清鸡只时，将鸡轻轻赶靠到较长的一面墙根，在距鸡50厘米处进行喷雾；边走边喷，至少应喷 2~3 遍，将疫苗均匀喷完。成年笼养鸡喷雾方法与平养鸡基本相似。

c. 气雾免疫注意事项：

充分清洗手提式喷雾器或背负式喷雾器或气雾机，用清水试喷一下，以掌握喷雾的速度、流量和雾滴大小。

气雾免疫应选择安全性高、效果好的疫苗。

气雾免疫时疫苗的用量应适当增加，保证免疫效果，通常用量加倍。

气雾免疫的当天不能带鸡消毒。

气雾免疫时，要房舍湿度适当。湿度过低，灰尘较大的鸡场，在喷雾免疫前后可用适量清水进行喷雾，降低舍内尘埃，防止影响免疫效果。

免疫前后在饲料或饮水中加入适当的抗菌药物，可以防止诱发疾病。

雾粒大小要适中，雾粒过大，在空气中停留时间短，进入呼吸道的机会少或进入呼吸道后被滞留；雾粒过小，则易被呼气排出。

进行气雾免疫时，房舍应密闭，关闭排气扇或通风系统；减少空气流动，喷雾完毕 20 分钟后才能开启门窗，打开排气扇或通风系统。

用过的疫苗空瓶，应集中煮沸等方式消毒处理，不能随意乱扔。

气雾接种人员应注意个人安全防护。

（4）免疫接种失败的原因分析

①疫苗方面的问题：

a. 疫苗本身质量差（如抗原含量不足）。

b. 疫苗灭活不彻底，有残余强毒力毒株。

c. 运输、保存不当（如储存温度、方法等），导致疫苗失效。

d. 疫苗菌（毒）株与流行株血清型不符。

e. 疫苗过期，导致失效或效果不佳等。

②动物方面的问题：

a. 动物接种疫苗前已处在疾病感染潜伏期。

b. 动物对疫苗产生无效抗体（非中和抗体）。

c. 动物感染免疫抑制性疾病，免疫功能低下。

d. 母源抗体的干扰。

e. 动物处于高应激状态之下。

f. 动物在产生抗体前已受强毒感染。

③操作方面的问题：

a. 接种剂量不够。

b. 接种方法、途径不正确（如皮内接种疫苗注射到皮下，灭活疫苗用 饮水法接种等）。

c. 免疫程序不合理。

d. 不当的联合免疫（如活疫苗与灭活疫苗混合注射；1 日龄雏鸡同时接种马立克病疫苗和新城疫疫苗，后者会受到前者的抑制）。

e. 打飞针，疫苗未注入体内。

f. 免疫接种前后使用了免疫抑制性药物，或细菌性活疫苗免疫接种时使用了抗生素。

g. 稀释液或佐剂使用不当（如疫苗稀释不均匀、稀释错误）、稀释后未在规定时间用完。

h. 使用对象不当（如只能用于成年鸡的新城疫 I 系苗误用于雏鸡，无毒炭疽芽孢苗用于山羊等）。

（九）兽药知识

1. 基本概念

（1）兽药：

是指用于预防、治疗、诊断动物疾病或者有目的地调节动物生理机能的物质（含药物饲料添加剂）。

（2）兽药种类：

血清制品、疫苗、诊断制品、微生态制品、中药材、中成药、化学药品、抗生素、生化药品、放射性药品及外用杀虫剂、消毒剂等。

（3）假兽药：

根据《中华人民共和国兽药管理条例》第四十七条规定，有下列情形之一的为假兽药：

①以非兽药冒充兽药或者以他种兽药冒充此种兽药的。

②兽药所含成分的种类、名称与兽药国家标准不符合的。

有下列情形之一的，按照假兽药处理：

①国务院兽医行政管理部门规定禁止使用的。

②依照本条例规定应当经审查批准而未经审查批准即生产、进口的，或者依照本条例规定应当经抽查检验、审查核对而未经抽查检验、审查核对即销售、进口的。

③变质的。

④被污染的。

⑤所标明的适应症或者功能主治超出规定范围的。

（4）劣兽药：

《中华人民共和国兽药管理条例》第四十八条规定，有下列情形之一的，为劣兽药：

①成分含量不符合兽药国家标准或者不标明有效成分的。

②不标明或者更改有效期或者超过有效期的。

③不标明或者更改产品批号的。

④其他不符合兽药国家标准，但不属于假兽药的。

2. 兽药的贮存与保管要求

兽药妥善贮藏和保管，对保证兽药的质量和安全有效十分重要。兽药的质量常受到贮藏和保管环境的影响，如：空气、温度、湿度、光照等；另外兽药的理化性质不同，对贮藏和保管的条件要求也不相同，因此，要严格按照兽药标签和说明书中规定的贮藏条件合理贮藏和保管兽药。

（1）有关术语解释：

阴凉处：指温度不超过 20℃。

凉暗处：指避光不超过 20℃。

冷处：指 2℃~10℃。

常温：指 10℃~30℃。

干燥处：是指相对湿度在 30%~75%的通风干燥处。

遮光：指不透明的容器包装。如棕色容器或用黑纸包裹的无色透明、半透明容器。

密闭：指将容器密闭，防止尘土及异物进入。

密封：指将容器密封，以防止风化、吸潮、挥发或异物污染。

熔封：指将容器熔封或用适宜的材料严封，以防止空气与水分的侵入并防止污染。

（2）兽药在贮藏过程中可能发生的质量变化：

兽药的种类繁多，剂型不一，性质复杂，易受外界影响，在储存过程中均有可能发生某些变化。主要有以下三个方面：

①物理变化：主要指药品物理性状的改变，如吸湿、潮解、风化、挥发、蒸发、凝固、结块、熔化、变形、分层等，而使药品质量降低或不能使用。

②化学变化：由于水解、氧化、光化分解、聚合等化学反应引起的药物成分的变化。药物与药物之间，药物与溶剂之间以及药物与附加剂、赋形剂、容器、外界物质（空气、光、水分）、杂质之间，都有可能发生化学反应而导致药品的变质分解。

③生物学变化：主要指药品发霉、腐败或分解，是由于微生物的滋生引起。

（3）兽药的贮存管理：

兽药应按其性质和剂型特点，在不同条件下妥善保存。

①在空气中易变质的兽药，如遇光易分解、易吸潮、易风化的药品应装在密封的容器中，于遮光、阴凉处保存。

②对于受热易挥发、易分解和易变质的兽药，应需在 2℃~10℃条件下保存。

③易燃、易爆、有腐蚀性和有毒害的兽药，应单独置于低温处或专库内加锁贮存，并注意不得与内服药品混合贮存。

④化学性质作用相反的兽药，应分开存放，如酸类与碱类药品。

⑤具有特殊气味的兽药，应密封后与其他药品隔离贮存。

易挥发兽药：如双氧水、酒精制剂、薄荷油、樟脑等。

易吸湿而变质的兽药：如氢氧化钠、无水氯化钙、浓硫酸、溴化钠、对氨基水杨酸钠片、干酵母、复方甘草合剂片、各类抗生素、胃蛋白酶、阿司匹林、硫酸亚铁等。

遇光变质的兽药：碘化钠、肾上腺素注射液、氨茶碱、维生素 C 等。

3. 假劣兽药识别要点

（1）看兽药生产企业是否经过批准。

（2）看产品批准文号。

（3）看产品规格。

（4）看兽药产品是否超过有效期。

（5）看是否属于淘汰兽药或国家禁止使用的兽药。

（6）查看兽药包装及标签。

（7）看兽药产品质量检验合格证。

4. 兽药使用注意事项

（1）不可乱用药：分析病因后用药，对症治疗和对因治疗相结合，不能不知病因，对症用药，只要腹泻，马上止泻，导致疗效不佳。

（2）不可滥用药：按照说明书剂量和间隔时间用药，不能不管药的作用时间，不管药的毒性，多种药一起上，或盲目加大用药剂量，导致药物中毒。

（3）养殖户识别兽药好坏的简易方法：

①看外观：正规厂家生产的兽药外包装精致，说明书比较详细，使用时指导性较强，而劣质药往往外包装比较粗糙，说明书不够详细。

②看疗效：使用后看疗效，疗效好的药为好药，疗效差或没有疗效的药为假劣药。

（4）药物配伍禁忌：表 2~3

表 2　中药配伍禁忌

成分	中药	中成药	不宜配伍的西药	机制
鞣质	地榆,石榴皮,五倍子,老鹳草,虎杖,大黄,诃子,仙鹤草,儿茶,茶叶,侧柏叶,拳参,萹蓄	牛黄解毒片,牛黄上清丸,牛黄消炎丸,肠风槐角丸,虎杖浸膏片,枳实导滞丸,分清五淋丸,利胆排石片,祛风舒筋丸,周氏回生丹,陈香露白露,礞石滚痰丸,四季青糖浆,清宁丸,麻仁丸,虎杖片,紫金锭,紫金粉,七厘散,感冒宁,舒痔丸,解暑片,一捻金,导赤丸,万应锭珠,黄散,利胆片,复方千日红片	(1)维生素 B_1,抗生素(四环素族,红霉素,灰黄霉素,制霉菌素,林可霉素,利福平等)。甙类(洋地黄,狄戈辛,可待因等)。生物碱(麻黄素,阿托品,黄连素,奎宁,利血平)。亚铁盐制剂,碳酸氢钠制剂。(2)异烟肼。(3)酶制剂(多酶,胃酸酶,胰酶)。(4)维生素 B_6	(1)产生沉淀,影响吸收。(2)分解失效。(3)改变性质,降效或失效。(4)形成络合物,降效或失效
钙	石膏,龙骨,龙齿,珍珠,牡蛎,蛤壳,瓦楞子,寒水石,海螵蛸	牛黄上清丸,牛黄解毒丸,清胃黄连丸,羚翘解毒丸,二母宁嗽丸,明目上清丸,止嗽化痰丸,牛黄至宝丸,珍珠牛黄散,珍珠镇惊丸,千金止带丸,乌鸡白凤丸,锁阳固精丹,内消瘰疬丸,橘红丸,追风丹,珍珠丸,珠黄散,珠层片,心脉宁,麻杏石甘糖浆,鹭鸶咳丸,珍合灵片,珍珠八宝丹	(1)四环素族,异烟肼。(2)洋地黄。(3)磷酸盐(磷酸氯化喹啉,磷酸可待因等);硫酸盐(硫酸亚铁,硫酸甲苯磺丁脲等)	(1)形成络合物,降低溶解度,影响吸收。(2)增强作用和毒性。(3)产生沉淀,使疗效降低
铁镁铝铋	自然铜,磁石,赤石脂,代赭石,礞石,石决明,龙骨,牡蛎,石膏,瓦楞子,钟乳石,白矾,阳起石,滑石	牛黄解毒丸,舒筋活血片,礞石滚痰丸,陈香露白露,当归浸膏片,胃舒宁片,复方五味子片,酒花素片,复方罗布麻片,跌打丸,磁朱丸,脑立清	(1)四环素族(相隔3h以上则影响不大)。(2)强的松龙片。(3)异烟肼,利福平。(4)维生素 C	(1)(3)形成络合物,影响吸收。(2)生成难溶物,显著降低生物利用度。(4)氧化后失去作用

续表2

成分	中药	中成药	不宜配伍的西药	机制
碱性	硼砂,海螵蛸,瓦楞子,皂角	冰硼散,婴儿素,健胃片,通窍散,红灵散,胃痛粉,健胃散,行军散,陈香露白露	(1)四环素,先锋霉素Ⅰ、Ⅱ,乌洛托品,新生霉素,氨苄青霉素,呋喃呾啶。(2)阿司匹林,消炎痛,保泰松 对氨基水杨酸钠,维生素B_1。(3)心得安,氯丙嗪,利眠宁,硫酸亚铁,异烟肼,地戈辛,苯巴比妥,苯妥英钠。(4)奎宁,氯奎,强力霉素,新斯的明。(5)奎尼丁	(1)降低药效。(2)分解失效。(3)吸收降低。(4)从尿排出,促使血药浓度降低。(5)排出减少,血药浓度增加,引起中毒
酸性	五味子,女贞子,山楂,山茱萸,乌梅,白芍,缬草,青皮,垂柳,四季青,金银花,马齿苋,枳实,木瓜	五味子冲剂,女贞子糖浆,冰霜梅苏丸,安神补心丸,地黄丸类方,山楂丸,乌梅丸,五味子丸,磨积散,二至丸,保和丸,玉泉丸,脑力宝	(1)磺胺类药。(2)氨基糖甙类(链霉素,红霉素,庆大霉素,卡那霉素等)。(3)氢氧化铝,氨茶碱等碱性药。(4)呋喃妥因,利福平,阿司匹林,消炎痛等	(1)易析出结晶而致结晶尿,血尿。(2)减弱药效。(3)起中和反应,降低或失去药效。(4)加重对肾脏的毒性
槲皮素	柴胡,桑叶,槐角,槐花,旋覆花,山楂,侧柏叶	龙胆泻肝丸,补中益气丸,地榆槐角丸,清瘟解毒丸,逍遥丸,首乌片,槐角丸,脏连丸,桑麻丸,银柴冲剂,桑菊感冒片,感冒清热冲剂,利胆片	含各种金属离子的西药,如氢氧化铝制剂,钙制剂,亚铁制剂等	形成络合物,影响吸收
利胆药,含胆汁制剂	茵陈	蛇胆川贝散(液),藿胆丸,牛胆汁浸膏,利胆片,消炎利胆片,脑立清,万应锭,喉症六神丸,哮喘姜胆片,胆石通胶囊	(1)奎尼丁。(2)氯霉素	(1)形成络合物,影响吸收。(2)降效
瑞香素	祖师麻		维生素K	拮抗
乙醇	酒大黄,酒当归	风湿酒,国公酒,冯了性药酒	(1)水合氯醛。(2)巴比妥类,苯英妥钠,安乃近,降糖药。(3)氯丙嗪,奋乃静。(4)血管扩张药(胍乙啶苄甲胍,噻嗪类)。(5)水杨酸制剂。(6)酶制剂。(7)胰岛素,降糖灵,优降糖。(8)新抗凝双香豆素	(1)(3)生成毒性物质。(2)降低药效。(4)增加毒性。(5)加重血压下降。(6)变性失效。(7)使血糖更低。(8)降低药效

续表2

成分	中药	中成药	不宜配伍的西药	机制
麻黄素	麻黄	气管炎糖浆,止嗽定喘丸,通宣理肺丸,止嗽化痰丸,半夏露,解肌宁嗽丸,人参再造丸,宁嗽糖浆,气喘冲剂,气喘膏,大活络丸,鹭鸶咳丸,哮喘冲剂,复方川贝精片,麻杏石甘糖浆,定(平)喘丸	(1)痢特灵,降压药(苯乙肼),复降片,降压灵等。(2)氨茶碱。(3)催眠镇静剂(苯巴比妥,氯丙嗪等)。(4)肾上腺素。(5)地戈辛,洋地黄。(6)异烟肼	(1)(3) 拮抗。(2)增加毒性2~3倍。(4)作用累加,血压升高。(5)增加对心脏毒性。(6)兴奋等副作用增强
	蜂蜜,金樱子,桂圆肉,桑椹子,大枣,麦冬,秦艽,甘草,鹿茸	六一散,玄麦甘桔冲剂,参茸片,麻杏石甘糖浆,鹿茸片,脑灵素	(1)奎宁,麻黄素,阿托品。(2)强心甙。(3)降血糖药(降药灵,D,860等)。(4)水杨酸制剂。(5)排钾利尿药(氢氯噻嗪等)	(1)沉淀,影响吸收。(2)中毒。(3)拮抗。(4)易促成消化性溃疡。(5)易致低血钾
	牛黄	小儿至宝锭,牛黄上清丸,牛黄抱龙丸,琥珀抱龙丸,牛黄解毒丸,牛黄镇惊丸,牛黄清心丸,安宫牛黄丸	水合氯醛,乌拉坦,吗啡,苯巴比妥	对中枢产生抑制
	丹参	复方丹参,丹参注射液,复方丹参注射液	(1)胃舒平。(2)细胞色素C注射液。(3)环磷酰胺5,氟尿嘧啶喜树碱钠,争光霉素	(1)(2)形成络合物影响吸收。(3)促进肿瘤转移
		天麻片,密环片,止痉散,五虎追风散	咖啡因,可可碱,茶碱,利他林,茶丙胺	拮抗
生物碱	川乌,槟榔,黄连,黄柏,马钱子,延胡索,贝母	黄连上清丸,黄连羊肝丸,清胃黄连丸,葛根芩连片,加味香连丸,小活络丹,牛黄千金散,牛黄清心丸,木瓜丸,三妙丸,左金丸,香连丸,小金丸,二妙丸,脏连丸,九分散,木香槟榔丸,千柏鼻炎片,胃痛散,贝母枇杷糖浆	(1)碘离子制剂。(2)碳酸氢钠等碱性较强的西药。(3)重金属药如硫酸亚铁,硫酸镁,氢氧化铝等。(4)酶制剂。(5)阿托品,氨茶碱,地戈辛。(6)咖啡因,苯丙胺	(1)(3)(4)产生沉淀。(2)影响溶解度,妨碍吸收。(5)增加毒性。(6)拮抗

续表2

成分	中药	中成药	不宜配伍的西药	机制
甙类	(1)人参,苦参,大黄,龙胆草。(2)桃仁,苦杏仁,白果,枇杷仁。(3)北五加皮,侧柏,金盏花,福寿草,附子,乌头,万年青,葶苈子,罗布麻,羊角拗,杠柳,铃兰,蟾酥,见血封喉等。(4)鹿茸制剂	人参养荣丸,人参归脾丸,脑灵素,八珍丸,参脉饮,参茸丸,礞石滚痰丸,龙胆泻肝丸,清宁丸,启脾丸,大黄䗪虫丸,通宣理肺丸,桑菊感冒片,清气化痰丸,解肌宁嗽丸,止咳化痰丸,鹭鸶咳丸,麻仁丸,麻杏止咳糖浆,橘红丸,参茸丸,罗布麻片,速效救心丸,救心丹,蟾麝救心丹,麝香保心丸	(1)维生素C,烟酸谷氨酸胃酶合剂。(2)可待因,吗啡,杜冷丁,苯巴比妥。(3)强心甙。(4)降糖药	(1)分解,药效降低。(2)加重麻醉,抑制呼吸。(3)药效累加,增加毒性。(4)血糖升高
汞	朱砂,轻粉	朱砂安神丸,补心丸,柏子养心丸,磁朱丸,梅花点舌丸,冠心苏合丸,小儿惊风散,牛黄镇惊丸,安宫牛黄丸,牛黄清心丸,七珍丸,七厘散,红灵散,保赤丹,益元散,解暑片,紫雪丹,苏合香丸,蛇胆川贝液(散),人丹,活络丹(丸)	营心丹,护心丹,六神丸,硫酸亚铁,溴化钾,三溴合剂,碘化钾,碳酸氢钠,巴比妥	产生沉淀,增加对肝肾的毒性
砷	雄黄,雌黄,信石	牛黄解毒丸,牛黄千金散,牛黄抱龙丸,牛黄镇惊丸,牛黄至宝丸,小儿至宝锭,安宫牛黄丸,小儿惊风散,梅花点舌丹,六神丸,红灵散,七珍丸	(1)亚铁盐,硫酸盐,硝酸盐,亚硝酸盐。(2)酶制剂	(1)产生沉淀,增加毒性。(2)产生沉淀,降低药效
钾	萹蓄,泽泻,白茅根,夏枯草,金钱草,牛膝,丝瓜络	金钱草冲剂,分清五淋丸,五淋片,龙胆泻肝丸,六味地黄丸类方,内消瘰疬丸,石淋通片,首乌片,利胆片,五苓散	安体舒,通氨苯蝶啶	西药系保钾排钠药,合用易致高血钾
碘	昆布		异烟肼	发生氧化,失效
抗组织胺		感冒抗感片,速效伤风胶囊	利血平,优降宁,胍乙啶等	拮抗

续表 2

成分	中药	中成药	不宜配伍的西药	机制
促放组织胺	银杏,青风藤,锡生藤		异丙嗪	竞争受体,降低药效
淀粉酶	神曲,麦芽,豆豉	六和定中丸,香苏正胃丸,大山楂丸,枳实导滞丸,越鞠丸,保和丸,启脾丸,健脾丸	四环素,水杨酸钠,阿司匹林,鞣酸蛋白,烟酸	降低活性(至少间隔2小时)
炭制剂	血余炭,地榆炭,蒲黄炭,大黄炭,槐米炭,棕炭	十灰散等	酶制剂,生物碱	降低药效

表 3　西药配伍禁忌

分类	药物	配伍药物	配伍使用效果
青霉素类	青霉素钠、钾盐,氨苄西林类,阿莫西林类	喹诺酮类,氨基糖苷类(庆大霉素除外),多黏菌类	效果增强
		四环素类,头孢菌素类,大环内酯类,氯霉素类,庆大霉素,利巴韦林,培氟沙星	相互拮抗或疗效相抵,或产生副作用,应分别使用,间隔给药
		维生素 C,维生素 B,罗红霉素,Vc 多聚磷酸酯,磺胺类,氨茶碱,高锰酸钾,盐酸氯丙嗪,B 族维生素,过氧化氢	沉淀,分解,失败
头孢菌素类	"头孢"系列	氨基糖苷类,喹诺酮类	疗效,毒性增强
		青霉素类,洁霉素类,四环素类,磺胺类	相互拮抗或疗效相抵或产生副作用,应分别使用,间隔给药
		维生素 C,维生素 B,磺胺类,罗红霉素,氨茶碱,氯霉素,氟苯尼考,甲砜霉素,盐酸强力霉素	沉淀,分解,失败
		强利尿药,含钙制剂	与头孢,噻吩,头孢噻呋等头孢类药物配伍,会增加毒副作用

续表 3

分类	药物	配伍药物	配伍使用效果
氨基糖苷类	卡那霉素,阿米卡星,核糖霉素,妥布霉素,庆大霉素,大观霉素,新霉素,巴龙霉素,链霉素等	抗生素类	本品应尽量避免与抗生素类药物联合应用,大多数本类药物与大多数抗生素联用会增加毒性或降低疗效
		青霉素类,头孢菌素类,洁霉素类,TMP	疗效增强
		碱性药物(如碳酸氢钠,氨茶碱等),硼砂	疗效增强,但毒性也同时增强
		Vc,Vb	疗效减弱
		氨基糖苷同类药物,头孢菌素类,万古霉素	毒性增强
	大观霉素	氯霉素,四环素	拮抗作用,疗效抵消
	卡那霉素,庆大霉素	其他,抗菌药物	不可同时使用
大环内酯类	红霉素,罗红霉素,硫氰酸红霉素,替米考星,吉他霉素（北里霉素）,泰乐菌素,替米考星,乙酰螺旋霉素,阿奇霉素	洁霉素类,麦迪素霉,螺旋霉素,阿司匹林(聚醚类抗生素,海南霉素钠,莫能菌素钠,盐霉素钠,拉沙洛西钠,马杜拉霉素铵,甲基盐霉素钠等合用会增加毒性)	降低疗效
		青霉素类,无机盐类,四环素类	沉淀,降低疗效
		碱性物质	增强稳定性,增强疗效
		酸性物质	不稳定,易分解失效
四环素类	土霉素,四环素(盐酸四环素),金霉素(盐酸金霉素),强力霉素(盐酸多西霉素,脱氧土霉素),米诺环素(二甲胺四环素)	甲氧苄啶,三黄粉	稳效
		含钙,镁,铝,铁的中药如石类,壳贝类,骨类,矾类,脂类等,含碱类,含鞣质的中成药,含消化酶的中药如神曲,麦芽,豆豉等,含碱性成分较多的中药如硼砂等	不宜同用,如确需联用应至少间隔2小时
		其他药物	四环素类药物,不宜与绝大多数其他药物混合使用

续表3

分类	药物	配伍药物	配伍使用效果
氯霉素类	氯霉素,甲砜霉素,氟苯尼考	喹诺酮类,磺胺类,呋喃类	毒性增强
		青霉素类,大环内酯类,四环素类,多黏菌素类,氨基糖苷类,氯丙嗪,洁霉素类,头孢菌素类,维生素B类,铁类制剂,免疫制剂,环林酰胺,利福平	拮抗作用,疗效抵消
		碱性药物(如碳酸氢钠,氨茶碱等)	分解,失效
喹诺酮类	吡哌酸,"沙星"系列	青霉素类,链霉素,新霉素,庆大霉素	疗效增强
		洁霉素类,氨茶碱,金属离子(如钙,镁,铝,铁等)	沉淀,失效
		四环素类,氯霉素类,呋喃类,罗红霉素,利福平	疗效降低
		头孢菌素类	毒性增强
磺胺类	磺胺嘧啶,磺胺二甲嘧啶,磺胺甲恶唑,磺胺对甲氧嘧啶,磺胺间甲氧嘧啶,磺胺噻唑	青霉素类	沉淀,分解,失效
		头孢菌素类	疗效降低
		氯霉素类,罗红霉素	毒性增强
		TMP,新霉素,庆大霉素,卡那霉素	疗效增强
	磺胺嘧啶	阿米卡星,头孢菌素类,氨基糖苷类,利卡多因,林可霉素,普鲁卡因,四环素类,青霉素类,红霉素	配伍后疗效降低或抵消或产生沉淀
抗菌增效剂	二甲氧苄啶,甲氧苄啶(三甲氧苄啶,TMP)	参照磺胺药物的配伍说明	参照磺胺药物的配伍说明
		磺胺类,四环素类,红霉素,庆大霉素,黏菌素	疗效增强
		青霉素类	沉淀,分解,失效
		其他抗菌药物	与许多抗菌药物同用可起增效或协同作用,其作用明显程度不一,使用时可摸索规律,但并不是与任何药物合用都有增效、协同作用,不可盲目合用

续表3

分类	药物	配伍药物	配伍使用效果
洁霉素类	盐酸林可霉素（盐酸洁霉素），盐酸克林霉素（盐酸,氯洁霉素）	氨基糖苷类	协同作用
		大环内酯类,氯霉素	疗效降低
		喹诺酮类	沉淀,失效
多黏菌素类	多黏菌素	磺胺类,甲氧苄啶,利福平	疗效增强
	杆菌肽	青霉素类,链霉素,新霉素,金霉素,多黏菌素	协同作用,疗效增强
		喹乙醇,吉他霉素,恩拉霉素	拮抗作用,疗效抵消,禁止并用
	恩拉霉素	四环素,吉他霉素,杆菌肽	
抗病毒类	利巴韦林,金刚烷胺,阿糖腺苷,阿昔洛韦,吗啉胍,干扰素	抗菌类	无明显禁忌,无协同、增效作用，合用时主要用于防治病毒感染后再引起继发性细菌类感染，但有可能增加毒性，应防止滥用
		其他药物	无明显禁忌记载
抗寄生虫药	苯并咪唑类(达唑类)	长期使用	易产生耐药性
		联合使用	易产生交叉耐药性，并可能增加毒性，一般情况下应避免同时使用
	其他抗寄生虫药	长期使用	此类药物一般毒性较强，应避免长期使用
		同类药物	毒性增强,应间隔用药,确需同用应减低用量
		其他药物	容易增加毒性或产生拮抗，应尽量避免合用
平喘药	茶碱类(氨茶碱)	其他茶碱类,洁霉素类,四环素类,喹诺酮类,盐酸氯丙嗪,大环内酯类,氯霉素类,呋喃妥因,利福平	毒副作用增强或失效
		药物酸碱度	酸性药物可增加氨茶碱排泄,碱性药物可减少氨茶碱排泄

续表 3

分类	药物	配伍药物	配伍使用效果
助消化与健胃药	乳酶生	酊剂,抗菌剂,鞣酸蛋白,铋制剂	疗效减弱
	胃蛋白酶	中药	许多中药能降低胃蛋白酶的疗效,应避免合用,确需与中药合用时应注意观察效果
		强酸,碱性,重金属盐,鞣酸溶液及高温	沉淀或灭活,失效
	干酵母	磺胺类	拮抗,降低疗效
	稀盐酸,稀醋酸	碱类,盐类,有机酸及洋地黄	沉淀,失效
	人工盐	酸类	中和,疗效减弱
	胰酶	强酸,碱性,重金属盐溶液及高温	沉淀或灭活,失效
	碳酸氢钠(小苏打)	镁盐,钙盐,鞣酸类,生物碱类等	疗效降低或分解或沉淀或失效
		酸性溶液	中和失效
维生素类	所有维生素	长期使用,大剂量使用	易中毒甚至致死
	B 族维生素	碱性溶液	沉淀,破坏,失效
		氧化剂,还原剂,高温	分解,失效
		青霉素类,头孢菌素类,四环素类,多黏菌素,氨基糖苷类,洁霉素类,氯霉素类	灭活,失效
	C 族维生素	碱性溶液,氧化剂	氧化,破坏,失效
		青霉素类,头孢菌素类,四环素类,多黏菌素,氨基糖苷类,洁霉素类,氯霉素类	灭活,失效

续表 3

分类	药物	配伍药物	配伍使用效果
消毒防腐类	漂白粉	酸类	分解，失效
	酒精(乙醇)	氯化剂，无机盐等	氧化，失效
	硼酸	碱性物质，鞣酸	疗效降低
	碘类制剂	氨水，铵盐类	生成爆炸性的碘化氮
		重金属盐	沉淀，失效
		生物碱类	析出生物碱沉淀
		淀粉类	溶液变蓝
		龙胆紫	疗效减弱
		挥发油	分解，失效
	高锰酸钾	氨及其制剂	沉淀
		甘油，酒精(乙醇)	失效
	过氧化氢(双氧水)	碘类制剂，高锰酸钾，碱类，药用炭	分解，失效
	过氧乙酸	碱类如氢氧化钠，氨溶液等	中和失效
	碱类(生石灰，氢氧化钠等)	酸性溶液	中和失效
	氨溶液	酸性溶液	中和失效
		碘类溶液	生成爆炸性的碘化氮

（十）动物正常生理指标

1. 绵、山羊的正常生理指标

体温：绵羊，38.0℃~39.5℃；山羊，38.5℃~39.7℃。

脉搏：绵羊，60~80 次/分；山羊，60~80 次/分。

呼吸：绵羊，12~30 次/分；山羊，10~20 次/分。

绵羊临界温度为 10℃~20℃，奶山羊为 12℃~24℃左右。

2. 猪的正常生理指标

体温：38.0℃~39.5℃。

脉搏：60~80 次/分。

呼吸：10~30 次/分。

3. 奶牛的正常生理指标

体温：38.0℃~39.2℃。

脉搏：成年牛 60~80 次/分，犊牛 72~100 次/分。

瘤胃蠕动：1~3 次/分。

呼吸：成年牛 18~28 次/分，犊牛 20~40 次/分。

每口咀嚼次数：20 多次。

瘤胃内容物 pH 值：5.0~8.1，一般为 6~6.8。

每分钟嗳气次数：17~20 次。

每昼夜反刍 6~8 次，每次 40~50 分钟。

奶牛产奶所需临界温度：10℃~15℃。

奶牛的临界温度上限 39℃。

4. 兔的正常生理指标

体温：38.0℃~39.5℃。

脉搏：120~140 次/分。

呼吸：50~60 次/分。

一般家兔的适宜温度为 15℃~25℃，最低临界温度为 5℃。如超过临界温度，能耗加大，饲料利用率降低。一般兔舍温度控制在 10℃以上便可实现繁殖。

5. 鸡的正常生理指标

体温：40.5℃~42℃。

心跳：每分钟 150~200 次。

呼吸：每分钟 22~25 次。

平均每百毫升血液中血红蛋白含量：公鸡 11.76 克，母鸡 9.11 克。

每立方毫米血液中红细胞数：公鸡 323 万个，母鸡 272 万个。

6. 犬正常生理指标

小型犬体温：幼犬 38.5℃~39℃，成年犬 38℃~39℃。

大型犬体温：幼犬 38.2℃~39℃，成年犬 37.5℃~38℃。

心跳：成年犬 70~130 次/分，幼犬 200 次/分。

呼吸数：10~40 次/分。

发情：一年两次发情，每次持续 12 天左右。

换牙：3~4 月龄开始至 6 月龄换完。

7. 猫的正常生理指标

平均体温：39℃（正常范围：38℃~39.5℃）。

呼吸次数：25 次/分（正常范围：20~30 次）。

心跳：130 次/分（正常范围：120~140）。

最适环境温度：18℃~21℃（正常范围：15℃~25℃）。

成年每千克体重每天需要水分 60 毫升。

幼年每千克体重每天需水 60~80 毫升，而夏天需水量更大，约 100 毫升/千克。

8. 马

体温 37.2℃~38.1℃，呼吸 8~16 次/分，心跳 28~42 次/分。驴体温 36.4℃~37.4℃。

9. 骆驼

体温 34.2℃~40.7℃，呼吸 5~12 次/分，心跳 25~40 次/分。

10. 水牛

体温 36.1℃~38.1℃，呼吸 9~18 次/分，心跳 40~60 次/分。

11. 牦牛

体温 36.7℃~39.7℃，呼吸 10~30 次/分，心跳 40~80 次/分。

12. 鸭、鹅

鸭体温 41.0℃~42.5℃，鹅体温 40.0℃~41.3℃。

13. 鸽

体温：40.5℃~42.5℃（平均 41.8℃）。呼吸次数：30~40 次/分。心跳次数：140~240 次/分。体温均为直肠测温。

（十一）动物养殖环节畜产品质量安全常识

1. 种畜（禽）引进

种畜（禽）引进前，应提前向当地畜牧兽医部门申报批准，引入后，应及时向当地动物卫生监督机构申报检疫，并隔离30天无异常后方可混群饲养。

2. 养殖（场）小区制度及档案

应建立健全岗位责任制度、生产管理制度、卫生防疫制度、兽药使用制度、档案管理制度和养殖档案等。

3. 畜禽养殖场（养殖小区）养殖档案

①畜禽免疫程序；②生产记录；③兽药使用记录；④饲料、饲料添加剂使用记录；⑤消毒记录；⑥免疫记录；⑦诊疗记录；⑧防疫监测记录；⑨病死畜禽无害化处理记录。

4. 养殖（场）小区内饲喂

畜（禽）的饲草饲料必须达到饲料卫生标准，所用的饲草饲料、添加剂、兽药、疫苗等应选择高效、安全、低毒、无污染的合格产品，不允许添加、使用国家规定禁用的饲料添加剂、兽药制剂、疫苗等，确保人畜、生态环境和动物产品的安全。

5. 养殖小区畜（禽）宰前休药期的管理

屠宰的畜（禽）应在规定的时间内停止使用药物，确保在用药期、休药期内的畜（禽）不进入市场。

兽医休药期常用药物主要有：①青霉素类药物规定猪的休药期6~15天；②氨基糖苷类抗生素为7~40天；③四环素抗生素为28天；④氯霉素类抗生素为30天；⑤大环内酯类抗生素为7~14天；⑥林可胺类抗生素为7天；⑦多肽类抗生素为7天；⑧喹诺酮类为10~25天；⑨磺胺类药为5~7天；⑩抗寄生虫药为14~28天。

6. 建立健全病死畜（禽）无害化处理制度

病死畜（禽）应当严格采取"四不准一处理"处置措施，即不准宰杀、不准食用、不准出售、不准转运，按照规定进行焚烧、深埋等无害化处理，不得随意丢弃。病死畜（禽）数量较大的，应当在动物卫生监督机构的监督下进行处理，严禁将病死畜（禽）加工出售。

二、人畜共患病

人畜共患病的概念：由同一种病原引起既可使动物发病又可使人体发病的疫病。

有资料表明：人畜共患疫病有 200 种以上。

人群预防人畜共患病的主要注意事项：

1. 防止经皮肤和黏膜感染。

2. 防止经消化道感染。

3. 防止经呼吸道感染。

4. 减少人与牲畜接触。

（一）口蹄疫

病原：口蹄疫病毒。

主要症状：高热、口和蹄有水泡和烂斑。

流行情况：传播迅速，能形成全球大规模流行，严重危害畜牧业的发展。

严重性：是世界性家畜（牛、羊、猪）烈性传染病，也感染人。被国际兽疫局列为 A 类家畜传染病之首。

人的治疗：建议中西药结合治疗。

动物的治疗：动物确诊为口蹄疫后，按规定必须扑杀，不能治疗，疑似病例隔离后可以对症治疗。

治疗方法一：肌注板蓝根+黄芪多糖+头孢。

治疗方法二：贯众 24 克、金银花 30 克、连翘 24 克、板蓝根 45 克（清热解毒，杀死病毒为君），黄连 18 克、黄芩 24 克、大黄 18 克、山豆根 25 克、桔梗 20 克（清热泻火，治疗溃烂为臣），赤芍 15 克、生地 30 克、花粉 18 克、木通 12 克（凉血通脉，缓减病症为使），黄芪 60 克（提高免疫力为佐）、甘草 24 克（调和诸药为佐）。水煎饮服。【此为 100~

200 千克猪用量，其他家畜用量根据体重加减】

动物应注射疫苗，预防口蹄疫，疫苗使用方法如下：

1. 免疫程序

（1）规模化养殖家畜：

①猪、羊：

初免：28~35 日龄仔猪或羔羊，免疫剂量分别是成年猪、羊的一半。

二免：间隔 1 个月进行一次强化免疫。

加强免疫：以后每隔 6 个月免疫一次。

②牛：

初免：90 日龄犊牛，免疫剂量是成年牛的一半。

二免：间隔 1 个月进行一次强化免疫。

加强免疫：以后每隔 6 个月免疫一次。

（2）散养家畜：

春、秋两季对所有易感家畜进行一次集中免疫，每月定期补免。有条件的地方可参照规模养殖家畜和种畜免疫程序进行免疫。

（3）调运家畜：

对调出县境的种用或非屠宰畜，要在调运前 2 周进行一次强化免疫。

（4）紧急免疫：

发生疫情时，要对疫区、受威胁区域的全部易感动物进行一次强化免疫。边境地区受到境外疫情威胁时，要对距边境线 30 千米的所有县的全部易感动物进行一次强化免疫。

2. 常用疫苗选择及使用

（1）猪口蹄疫 O 型灭活疫苗（普通型）。

①主要成分与含量：本疫苗是 O 型口蹄疫猪源强毒细胞培养物经二乙烯亚胺（BEI）灭活，加精制白油和乳化剂配制而成的双相油乳剂。每头份疫苗中至少含 3PD50。为乳白色或淡红色略带黏滞性的乳状液，2℃~8℃保存，有效期为 1 年。

②作用与用途：用于预防猪 O 型口蹄疫。注射后 15 日产生免疫力，

免疫期为 6 个月。

③用法与用量：耳根后深部肌肉注射。体重 10~25 千克猪，每头 2 毫升；体重 25 千克以上猪，每头 3 毫升。

④不良反应：

一般反应：注射局部出现肿胀，体温升高、减食或停食 1~2 天，以后逐渐恢复正常。

过敏反应：少数牲畜因品种、个体状况差异，可能出现过敏反应，如焦躁不安，呼吸加快，肌肉震颤，口角出现白沫，鼻腔出血等；甚至可能出现因抢救不及时而死亡。怀孕母猪可能出现流产。

其他：临出栏前免疫的牲畜，屠宰时可能发现注射部位吸收不良现象，应将其剔除。

（2）猪口蹄疫 O 型灭活疫苗（浓缩型）。

①主要成分与含量：本疫苗是 O 型口蹄疫猪源强毒细胞培养物经二乙烯亚胺（BEI）灭活，特殊工艺浓缩，加精制白油和乳化剂配制而成的双相油乳剂。灭活前每头份疫苗的病毒滴度至少为 107.5 LD50 或 108.5 TCID50/头·份；每头份疫苗至少含 6PD50。（LD50 表示半数致死量，TCID50 表示半数细胞培养物感染量）。为乳白色或淡红色略带黏滞性的乳状液，在 2℃~8℃，有效期为 1 年。

②作用与用途：用于预防猪 O 型口蹄疫。注射后 15 天产生免疫力，免疫期为 6 个月。

③用法与用量：耳根后深部肌肉注射。体重 10~25 千克猪，每头 1 毫升；体重 25 千克以上猪，每头 2 毫升。

④不良反应：同猪口蹄疫 O 型灭活疫苗（普通型）。

（3）猪口蹄疫 O 型合成肽疫苗。

①主要成分与含量：本疫苗是采用固相多肽合成及纯化技术，人工合成口蹄疫病毒主要抗原位点及人工 T 细胞位点，并以此作为抗原与法国 SEPPIC 公司的 Montanide ISA 50V 佐剂混合制成的 W/O 单相油乳剂疫苗，每头份疫苗至少含 6PD50。为乳白色略带黏滞性的乳状液，2℃~8℃保存，

有效期 1 年。

②作用与用途：用于预防猪 O 型口蹄疫。注射后 15 天产生免疫力，1 个月产生坚强免疫力，免疫期为 6 个月。

③用法与用量：耳根后深部肌肉注射。不论猪只大小，每头均注射 1 毫升。

(4) 牛口蹄疫 O 型、亚洲 I 型二价灭活疫苗。

①主要成分与含量：本疫苗是用 O 型口蹄疫牛源强毒（OS/99 株）、亚洲 I 型牛源强毒（LC/96 株）的细胞培养物经二乙烯亚胺（BEI）灭活，并经特殊工艺浓缩，加精制白油和乳化剂配制成的双相油乳剂二价灭活疫苗。每头份疫苗含 O 型口蹄疫病毒至少 3PD50、亚洲 I 型口蹄疫病毒至少 3PD50。

标签上凡有 "206" 标记的疫苗系使用法国 SEPPIC 公司的 Montanide ISA206 佐剂配制的双相油乳剂疫苗。为乳白色或淡粉红色略带黏滞性的均匀乳状液，2℃~8℃保存，有效期 1 年。

②作用与用途：用于预防牛、羊 O 型、亚洲 I 型口蹄疫。注射后 15 天产生免疫力，免疫期为 6 个月。

③用法与用量：牛、羊颈部深部肌肉注射。牛，每头注射 2 毫升；羊，每只 1 毫升。

（二）狂犬病（俗称疯狗病、恐水症）

病原：狂犬病病毒。

流行特点：急性直接接触性传染病，人和各种畜禽对本病都有易感性；犬、猫带毒是重要的传染来源。

人感染狂犬病病毒的主要途径：

(1) 被患病犬或猫咬伤。

(2) 被带毒的犬和猫咬伤或抓伤。

(3) 亲密接触犬和猫。

人感染狂犬病后的症状：低热、厌食、头痛、全身酸痛、喉痛、疲倦、不安和紧张、有的恶心、呕吐或腹泻。多数病人有显著的兴奋表现，对触觉、视觉或听觉刺激过敏，但对局部痛觉的反应降低。肌肉张力和反射亢进，时有抽搐。脉搏加速，瞳孔散大，流泪，出汗，唾液增多，吞咽困难，头向后仰或角弓反张，呼吸困难，声带麻痹，嘶哑恐惧，叫喊像犬吠，恐水等。最终衰竭死亡。感染率低，但死亡率高。

人被犬猫咬伤或抓伤后处理措施：尽快到当地医院急诊科进行处理，伤口消毒，注射狂犬病疫苗，越快越好！

人感染狂犬病后的中药治疗：清热解毒，驱风解痉。

动物狂犬病疫苗使用方法：

1. 免疫程序

首免：3月龄以上。

加强免疫：每隔12个月加强免疫一次。

2. 狂犬病兽用活疫苗（ERA株）

（1）性状与保存：

外观呈白色海绵状疏松团块，加稀释液即呈溶解均匀的混悬液。在-15℃以下，有效期为12个月；在0℃~4℃，有效期为6个月。

（2）作用与用途：

预防马、牛、绵羊、山羊、犬等家畜狂犬病，注射后20天即产生免疫力，免疫期1年以上。

（3）用法与用量：

按瓶签注明的头份，用灭菌蒸馏水或生理盐水进行稀释，稀释为每头份1毫升，充分振荡、溶解后，在家畜后腿或臀部肌肉注射。犬，2月龄以上，每条肌肉注射1毫升；绵（山）羊，每只肌肉注射2毫升；马、牛，每头（匹）肌肉注射5毫升。

（4）注意事项：

①体弱、有病家畜不宜注射。

②疫苗稀释后限6小时用完。

（三）高致病性禽流感

病原：A型流感病毒；流感病毒分为A、B、C三个血清型。其中，B

型和 C 型主要感染人，而 A 型既感染人，也感染其他种属的动物。

症状：病禽主要的症状表现为高度沉郁、昏睡，张口喘气，流泪流涕，冠髯发绀、出血，头颈部肿大，急性死亡。

病人表现轻度直至严重的呼吸道症状，包括咳嗽、打喷嚏和大量流泪；头部和脸部水肿，神经紊乱和腹泻。

严重性：主要发生于各种家禽和野禽；国际兽疫局将其确定为 A 类烈性传染病，此病给养禽业造成很大损失。

人的治疗：建议中西药结合治疗。

禽类确诊患有禽流感后，按规定必须扑杀，不能治疗，但应注射疫苗预防。高致病性禽流感疫苗的使用方法：

1. 免疫程序

（1）种鸡、蛋鸡免疫：

初免：雏鸡 7~14 日龄，用 H5N1 亚型禽流感灭活疫苗。

二免：初免后 3~4 周后可再进行一次加强免疫。

加强免疫：开产前再用 H5N1 亚型禽流感灭活疫苗进行强化免疫；以后根据免疫抗体检测结果，每隔 4~6 个月用 H5N1 亚型禽流感灭活苗免疫一次。

（2）商品代肉鸡免疫：

7~10 日龄时，用禽流感或禽流感–新城疫二联灭活疫苗免疫一次即可。

（3）种鸭、蛋鸭、种鹅、蛋鹅免疫

初免：雏鸭或雏鹅 14~21 日龄时，用 H5N1 亚型禽流感灭活疫苗进行免疫。

二免：间隔 3~4 周，再用 H5N1 亚型禽流感灭活疫苗进行一次加强免疫。

加强免疫：以后根据免疫抗体检测结果，每隔 4~6 个月用 H5N1 亚型禽流感灭活疫苗免疫一次。

（4）商品肉鸭、肉鹅免疫：

①肉鸭：

7~10 日龄时，用 H5N1 亚型禽流感灭活疫苗进行一次免疫即可。

②肉鹅：

初免：7~10日龄时，用H5N1亚型禽流感灭活疫苗进行初次免疫。

加强免疫：第一次免疫后3~4周，再用H5N1亚型禽流感灭活疫苗进行一次加强免疫。

（5）散养禽免疫：

春、秋两季用H5N1亚型禽流感灭活疫苗各进行一次集中全面免疫。每月定期补免。

（6）鹌鹑、鸽子等其他禽类免疫：

按照疫苗使用说明书或参考鸡的免疫程序，剂量根据体重进行适当调整。

（7）调运家禽免疫：

对调出县境的种禽或其他非屠宰家禽，要在调运前2周进行一次禽流感强化免疫。

（8）紧急免疫：

发生疫情时，要对受威胁区域的所有易感家禽进行一次强化免疫。边境地区受到境外疫情威胁时，要对距边境30千米范围内所有县的家禽进行一次强化免疫。

对发生或检出禽流感变异毒株地区及毗邻地区的家禽，用相应禽流感变异毒株疫苗进行加强免疫。

2. 常用疫苗选择及使用

（1）禽流感H5、H9亚型二价灭活疫苗（D96+F株）：

①主要成分与含量：本疫苗中含有灭活的H5、H9亚型禽流感病毒，灭活前的病毒含量均≥108.0 EID50每0.2毫升。为乳白色均匀乳剂，呈油包水型。在2℃~8℃，有效期为12个月。

②作用与用途：用于预防H5和H9亚型禽流感病毒引起的禽流感。接种后21天产生免疫力。

③用法与用量：肌肉或颈部皮下注射。7~14日龄鸡，每只0.3毫升，免疫期为2个月；21日龄以上鸡，每只0.5毫升，免疫期为4个月。

④注意事项。

a. 禽流感病毒感染的鸡或健康状况异常的鸡，禁止注射本疫苗。

b. 使用前应先使疫苗达到室温并充分摇匀。

c. 疫苗开启后，限 24 小时内用完。

d. 屠宰前 28 日内禁止使用。

e. 用过的空疫苗瓶或开启后未用完的疫苗等，均应经消毒后废弃，不可乱扔。

（2）禽流感—新城疫重组二联活疫苗（rL-H5 株）：

①主要成分与含量：本疫苗每羽份中含禽流感重组新城疫病毒 rL-H5 株至少 106.0 EID50。为微黄色海绵状疏松团块，易与瓶壁脱离，加稀释液后迅速溶解。-20℃保存，有效期为 18 个月。

②作用与用途：用于预防鸡的 H5 亚型禽流感和新城疫。

③用法与用量：点眼、滴鼻、肌肉注射或饮水免疫。首免建议用点眼、滴鼻、肌肉注射，按瓶签注明羽份，用生理盐水稀释，每只点眼、滴鼻接种 0.1 毫升（含 1 羽份），或腿部肌肉注射 0.2 毫升（含 1 羽份）。二免及以后加强免疫如采用饮水免疫，剂量应加倍。

④注意事项。

a. 苗稀释后，应放于冷暗处，在 2 小时内用完。

b. 疫苗不能与任何消毒剂接触。

c. 开启后未用完的疫苗及用过的空疫苗瓶均应消毒后废弃。

d. 点眼、滴鼻免疫时，应保证足够 1 羽份疫苗液被吸收；肌肉注射免疫时，应采用 7 号以下规格针头，以免拔出针头时疫苗液流出；饮水免疫时，忌用金属容器，饮用前应至少停水 4 小时。

e. 被免疫雏鸡应处于健康状态，如上呼吸道及消化道黏膜有其他病原感染或炎症反应，应在点眼或滴鼻免疫同时采用肌肉注射免疫，每只鸡接种总量为 1 羽份。

f. 在本疫苗接种前及接种后 2 周内，禁止接种其他新城疫疫苗。与鸡传染性法氏囊病、传染性支气管炎等其他活疫苗的接种应间隔 5~7 天，以免影响免疫效果。

（四）破伤风

又名强直症，俗称锁口风，是由破伤风梭菌经伤口感染引起的一种急性中毒性人畜共患病。以骨骼肌持续性痉挛和神经反射兴奋性增高为特征。

感染条件：深伤口，厌氧。

人的预防和治疗：人体受伤后伤口较深时应到当地医院急诊科进行处理，对伤口消毒处理，注射破伤风疫苗预防。感染破伤风后可用祛风解痉的中药治疗。

动物的预防和治疗：动物受伤后也可注射疫苗预防，感染后可用破伤风抗毒素进行治疗。

（五）炭疽

病原：炭疽芽孢杆菌，与空气接触后可形成芽孢，其抵抗力极强，土壤中可成活 20~30 年，所以禁止解剖病畜。

易感性：草食家畜（牛、羊、马）最易感受，猪限于局部，也感染人。

家畜死后症状：血凝不良，尸僵不全，天然孔出血，腹部膨胀，尸斑。

人感染后的症状：分为三型，皮肤型、肠型、肺型。

临床上也有皮肤、肠、肺型的并发症脑膜炎型。

预防：老疫区应对人和动物定期注射炭疽疫苗。

治疗：抗生素联合治疗，首选青霉素。

动物炭疽疫苗的使用方法：

1. 免疫程序

对 3 年内曾发生过疫情的乡（镇）易感牲畜每年进行一次免疫。发生疫情时，要对疫区、受威胁区所有易感牲畜进行一次强化免疫。

2. 常用疫苗及使用方法

（1）Ⅱ号炭疽芽孢苗：

①性状及保存：甘油疫苗静置后，为透明液体，瓶底有少量灰白色沉淀，振荡后呈均匀混悬液；铝胶疫苗静置后，上层为透明液体，下层为灰

白色沉淀，振荡后呈均匀混悬液。在 2℃~8℃，有效期为 2 年。

②作用与用途：用于预防大动物、绵羊、山羊、猪的炭疽。免疫期，山羊为 6 个月；其他动物为 1 年。

③用法与用量：皮内注射每头（只）0.2 毫升或皮下注射 1 毫升。

④注意事项。

a. 疫苗使用前必须充分摇匀。

b. 山羊、马慎用。

c. 宜秋季使用，在牲畜春乏或气候骤变时，禁止使用。

⑤不良反应。

a. 注射本疫苗后，部分家畜可能有 2~3 天的体温升高反应，注射部位有轻微肿胀。

b. 个别家畜有食欲减退现象，应停止使役 2~3 天，即可恢复正常。

（2）无荚膜炭疽芽孢苗：

①性状及保存：甘油苗静置后，为透明的液体，瓶底有少量灰白色沉淀，振荡后呈均匀混悬液；铝胶苗静置后，上层为透明液体，下层为灰白色沉淀，振荡后呈均匀混悬液。在 2℃~8℃，有效期为 2 年。

②作用与用途：用于预防马、牛、绵羊和猪的炭疽病。免疫期为1年。

③用法与用量：皮下注射。牛、马，1 岁以上 1 毫升，1 岁以下0.5 毫升；绵羊、猪，0.5 毫升。

④注意事项：同Ⅱ号炭疽芽孢苗。

⑤不良反应：注射本疫苗后，部分家畜可能有 1~3 天的体温升高反应，注射部位可能发生核桃大的肿胀，3~10 天可消失。

（六）布鲁氏菌病

概念：布鲁氏菌病（简称布病）是由布鲁氏菌属的细菌侵入机体，引起传染–变态反应性的人畜共患的传染病。

布病造成的损失：人、畜两个方面都受损失。

影响人体的健康：人患布病常因误诊而转为慢性，反复发作，长期不愈，少数患者会导致死亡。

阻碍畜牧业的发展，有资料表明：绵羊患布病后流产率为 57.5%，牛布病流产率 31.2%。

1. 人感染布病的临床表现

（1）易感人群：人类对布病普遍易感。但畜牧业、屠宰业、养殖业、皮毛加工、兽医等行业的人群，是布病的高危人群。

（2）潜伏期：1~3 周，平均 2 周，个别可长达一年之久，主要取决于致病菌的菌型、菌量、毒力及机体抵抗力。

（3）主要症状：

①发热：发热是布病患者最常见而且是最典型的临床表现之一，可见于布病的各个期，热型不一，变化多样，观察体温，傍晚升高，在抗生素普遍使用之前，主要以波状热为主。

②多汗：多汗为布病主要症状之一，尤以急性期患者为甚，特别是晚上增多，是其特征。

③游走性疼痛：急、慢性期布病患者都发生大骨关节与肌肉疼痛，慢性期疼痛局限于某一部位。

④乏力：几乎全部病人都有此症状，患者自觉疲乏无力。

⑤皮疹：急性期患者出现各种各样的充血性皮疹，持续时间短。

⑥睾丸肿大：睾丸炎及慢性睾丸炎，发病率 20%~40%。

⑦骨关节肿大：骨关节系统的损害是布病的主要体征之一，骨关节肿大，常发生在一个或多个大关节。

⑧肝脾肿大，资料报道：急性期肝肿大占 21.31%，脾肿大占 10.13%，慢性期肝脾肿大占 4.26%。

⑨软组织肿胀。

2. 动物感染布病的临床表现

母牛：最显著的症状是流产，多发生于怀孕的第 6~8 个月（妊娠期 282 天），产出死胎或弱胎儿，流产前有分娩预兆象征，还有生殖道的炎症，流产常见胎衣不下，阴道内继续排出褐色恶臭液体，便可发生子宫炎而长期不孕，流产后的母牛可再度流产，一般流产时间比第一次推迟。公牛常见睾丸炎、附睾炎，常见的症状还有关节炎、腱鞘炎、乳房炎等。

羊：主要表现也是流产，发生在妊娠后的第 3~4 个月（妊娠期 150 天），其他症状还有乳房炎、支气管炎、关节炎、滑液囊炎，公羊发生睾丸炎。

猪：最明显症状也是流产，发生在怀孕的第 1~3 个月，极度少数流产后胎衣不下，引起子宫炎和不育。公猪常发生睾丸炎、附睾炎。也可见关节炎、关节肿胀等。

3. 人感染布病后的治疗

（1）西药：

①WHO 推荐多西环素和利福平联用，疗程 6 周。亦有认为多西环素加氨基糖苷类链霉素肌注 2 周，效果亦佳。此外喹诺酮类，有很好的细胞内渗透作用，亦可应用。复方磺胺甲恶唑能渗透到细胞内，对急性患者退热较快。布氏杆菌脑膜炎患者可以头孢曲松与利福平联用。

②慢性期治疗，长期服用西药，应服用维生素 C、肝泰乐、护肝片等保肝护肝药。

（2）中药：

①布病 1 号丸，布病 2 号丸。

②蒙药：壮龙十八位散。

③独活寄生汤。

4. 动物间布病防治对策

（1）原则：

"因地制宜、分区防控、分步实施、统筹推进。"

（2）策略：

一类区主导措施："全面免疫"。

二类区主导措施："检疫+扑杀"。

三类区主导措施："无疫认证+无疫维持"。

①加强动物布病监测，及时淘汰病畜。布病监测 5 个 100% 要求，即

对布病非免疫奶牛 100% 监测，对种畜场 100% 监测，对从外省市调入奶牛和种畜 100% 监测，对布病感染人所在的养殖场所饲养的动物 100% 监测，对阳性动物同群畜 100% 监测，检出阳性动物要扑杀。

②加强动物间布病检疫和肉、奶制品流通环节卫生检测工作，杜绝病畜肉、奶上市。

③养殖场（户）要尽量坚持自繁自养，不从外地引进牲畜，加强牲畜交易市场管理，建立引进牲畜申报制度，防止布病病畜的输入。

5. 动物布病疫苗的使用方法：

（1）免疫程序：

在疫病流行地区，春季或秋季对易感家畜进行一次免疫。

（2）常用疫苗的选择及使用：

①布鲁氏菌病活疫苗（猪型 2 号）：

a. 性状与保存：为微黄色海绵状疏松团块，易与瓶壁脱离，加稀释液后迅速溶解。在 2℃~8℃，有效期为 1 年。

b. 作用与用途：用于预防山羊、绵羊、猪和牛布鲁氏菌病。免疫期，羊为 3 年，牛为 2 年，猪为 1 年。

c. 用法与用量：适于口服免疫，亦可作肌肉注射。口服免疫最安全，对孕畜也可使用。

口服免疫：山羊和绵羊不论年龄大小，一律每只 100 亿菌；牛 500 亿菌；猪 200 亿菌，间隔一个月，再口服 1 次。

注射免疫：皮下或肌肉注射。山羊 25 亿菌；绵羊 50 亿菌；猪 200 亿菌，间隔 1 个月，再注射 1 次。

d. 注意事项：

* 注射免疫不能用于种畜、奶畜、孕畜、牛和小尾寒羊。

* 疫苗稀释后应当天用完。

* 拌水饮服或灌服时，应用凉水；若拌入饲料中，应避免使用热饲料。免疫家畜在服疫苗前后 3 日应停止使用发酵饲料，前 7 日、后 10 日应停止使用抗菌素类药物。

* 本疫苗对人有一定的致病力，工作人员大量接触可引起感染，使用本疫苗时，应注意个人防护；用过的用具可煮沸消毒，木槽可用日光照射消毒。

e. 不良反应：注射本疫苗后，可能有少数动物注射局部出现红肿，减食或体温升高等反应，一般 1~2 日即可恢复。极少数纯种动物可能出现过敏反应，应加强观察和护理，如出现过敏反应，应立即用盐酸肾上腺注射液或其他脱敏药物对症治疗。

②布鲁氏菌病活疫苗（羊型 5 号）：

a. 性状与保存：为微黄色海绵状疏松团块，易与瓶壁脱离，加稀释液后迅速溶解。在 2~8℃，有效期为 1 年。

b. 作用与用途：用于预防牛、羊布鲁氏菌病。免疫期为 3 年。

c. 用法与用量：皮下注射、滴鼻免疫均可，也可口服免疫。牛，皮下注射 250 亿个菌。山羊、绵羊，皮下注射 10 亿个菌，滴鼻 10 亿个菌，口服 250 亿个菌。

d. 注意事项。

* 在配种前 1~2 月免疫接种较好，奶畜、孕畜及种公畜不宜进行预防接种。

* 本疫苗对人有一定致病力，预防接种工作人员，应做好防护，避免感染或引起过敏反应。

③布鲁氏菌病活疫苗（牛型 19 号）：

a. 性状与保存：为微黄色海绵状团块，易与瓶壁脱离，加稀释液后迅速溶解。在 2℃~8℃，有效期为 1 年。

b. 作用与用途：用于预防牛和绵羊布鲁氏菌病。免疫期，牛为 2 年，绵羊为 9~12 个月。

c. 用法与用量：皮下注射。牛可用 600 亿~800 亿的标准剂量，亦可以用 3 亿~10 亿的减低剂量。牛在 3~8 月龄时注射 1 次，必要时在 18~20 月龄（即第一次配种前）再注射 1 次，以后可根据牛群布鲁氏菌病流行情况，决定是否再注射。

绵羊在每年配种前 1~2 个月用 300 亿~400 亿的剂量注射 1 次。

d. 注意事项：

* 不能用于奶畜、种畜、孕畜和山羊。

* 疫苗稀释后应当天用完。

* 本疫苗对人有一定致病力，工作人员大量接触可引起感染，使用本疫苗时，应注意个人防护，用过的工具必须消毒。

（七）包虫病

概述：包虫病以棘球绦虫幼虫（中绦期）寄生于中间宿主脏器为特征，引起器官损伤、机体消瘦甚至死亡的人畜共患寄生虫病，每年感染家畜。因发育受阻、毛肉生产性能下降及肝肺废弃，造成巨大的经济损失。

症状：初期或轻度感染无症状，严重感染时症状明显，呈消化障碍、呼吸障碍、腹水等，甚至死亡。另视寄生部位不同，出现相应症状。

致病性：大的囊体对器官（局部）压迫，引起刺激症状、组织萎缩和机能障碍，如在肝、肺和脑等部位寄生时分别可有肝区痛、胸痛、头痛、癫痫等症状。

毒素作用：囊体破裂后的异体蛋白致过敏反应。

可继发感染。

治疗：

1. 中间宿主

人：手术摘除（外囊完整摘除、穿刺手术等）。

化学药物治疗（阿苯达唑各类剂型、奥芬哒唑等早期治疗有效）。

家畜：无特效治疗药物。

2. 终末宿主

化学药物（吡喹酮等）驱虫。

犬体内的细粒棘球绦虫在开始排卵前就用驱虫药物加以驱除，可防止虫卵随犬粪排出后污染环境。

（八）弓形虫病

病原：弓形虫（一种寄生性原虫），全部发育过程中可有 5 种不同形态的阶段，即 5 种虫型：滋养体和包囊两型出现在中间宿主体内；裂殖体、配子体和卵囊只出现在终末宿主体内。

宿主：有 45 种哺乳动物、70 余种鸟类和 5 种爬行动物，终末宿主为猫和猫科动物。

感染途径：摄入病原污染的食物，接触犬、猫粪便。

人感染后的症状：高热、嗜睡、孕妇流产等。

犬猫感染后的症状：犬急性感染的表现有体温升高，精神沉郁，厌食，咳嗽和呼吸音增强，甚至呼吸困难；严重患犬出现呕吐、出血性腹泻，眼、鼻有脓性分泌物，少数患犬呈运动失调或后肢麻痹现象；怀孕母犬所产仔犬常见排稀便，呼吸困难和运动失调，但多见流产或分娩死胎；患犬大腿内侧、腹部等处可见瘀血斑，死前体温下降。

猫作为中间宿主时，急性发病表现肺炎症状，如发热、厌食、咳嗽和呼吸迫促，也有运动失调和流产现象。猫作为终末宿主，主要表现为轻度肠炎。

人的治疗：磺胺类药物、乙酰螺旋霉素等，孕妇应停止妊娠。

家畜的治疗：可在饲料中添加磺胺类药物进行治疗。

三、猪病

(一) 非洲猪瘟

非洲猪瘟是由非洲猪瘟病毒感染家猪和各种野猪（非洲野猪、欧洲野猪等）引起的一种急性、出血性、烈性传染病。世界动物卫生组织将其列为法定报告动物疫病，该病也是各国重点防范的一类动物疫情。

1. 诊断要点

潜伏期为 5~15 天，临床上以急性多见，突然高烧达41℃~42℃，稽留约 4 天。食欲不振，脉搏加速，呼吸加快，伴发咳嗽。眼、鼻有浆液性或黏脓性分泌物。皮肤充血、发绀，尤其在耳、鼻、腹壁、尾、外阴、肢端等无毛或少毛处，呈不规则的瘀斑、血肿和坏死斑。呕吐，腹泻（有时粪便带血）。怀孕母猪可发生流产。发病后 6~13 天死亡，长的达 20 多天。

剖解可见各器官组织发生严重的充血、出血、水肿、坏死、梗死等。淋巴结肿胀，边缘呈红色。尤以肾、肠系膜等淋巴结出血严重，呈紫红色，如血瘤状。脾充血肿大，呈黑色。喉头、膀胱黏膜以及内脏器官表面点状出血。四肢及腹部皮下点状瘀血。心包积液，胸水、腹水增多。肺小叶、肠系膜、腰下部、腹股沟等有不同程度水肿。少毛、无毛部位呈紫红色水肿，如耳、鼻、四肢末端、尾、会阴、腹股沟、胸腹侧及腋窝等处。

2. 防控措施

目前在世界范围内没有研发出可以有效预防非洲猪瘟的疫苗，但高温、消毒剂可以有效杀灭病毒，所以做好养殖场生物安全防护是防控非洲猪瘟的关键。一是严格控制人员、车辆和易感动物进入养殖场；进出养殖场及其生产区的人员、车辆、物品要严格落实消毒等措施。二是尽可能封闭饲养生猪，采取隔离防护措施，尽量避免与野猪、钝缘软蜱接触。三是严禁使用泔水或餐余垃圾饲喂生猪。四是积极配合当地动物疾病预防控制机构开展疫病监测排查，特别是发生猪瘟疫苗免疫失败、不明原因死亡等现象，应及时上报当地兽医部门。

（二）猪瘟

猪瘟是由猪瘟病毒引起的一种急性、烈性、接触性传染病，发病率和死亡率都较高。

1. 诊断要点

猪瘟在临床上分好几种类型，但目前主要是温和型猪瘟，病猪体温升高，先便秘后腹泻，皮下有针尖状出血点，耳缘和四肢末梢发紫；注射抗生素后吃食正常，药效过后食欲减退甚至废绝；逐渐消瘦，最后衰竭而死。剖解变化如下：各脏器表面有针尖状出血点，大肠内有纽扣状溃疡，脾脏边缘梗死；有一定传染性，死亡率高。

2. 防治措施

猪瘟重在预防，平时应做好消毒工作，并按时注射猪瘟疫苗。一旦发病，立即将病猪隔离并用以下方案治疗。

方案一：板蓝根注射液+黄芪多糖注射液+头孢，肌肉或静脉注射，大便干或不食加安旦或胃肠通，高烧加柴胡或安痛定，腹泻加泻痢神，有食欲可在饲喂时添加板蓝根、贯众、大蒜等有驱疫作用的中药。

方案二：猪瘟疫苗 10 倍剂量肌注，刺激机体产生干扰素，干扰素可抑制病毒，甚至杀死病毒。相隔 8~12 小时，再肌注林克霉素等抗生素，杀死机体内混合感染的细菌，两相结合，从而起到治疗作月。据报道，这种方法的治愈率达 60% 以上。曾用这种方法治疗过五例猪瘟病猪，四例治愈，一例死亡，不过，治愈的猪生长相对缓慢。

方案三：采取患过猪瘟并且耐过的猪或注射过猪瘟疫苗的猪的血液 50~100 毫升，室温下静置数小时或离心机离心 15~20 分钟，析出上清液（血清），将血清分点注射给病猪，这样可把猪瘟抗体直接注给病猪，保护病猪并抑制猪瘟病毒，从而达到治疗的目的。

3. 猪瘟疫苗的使用方法

（1）免疫程序：

①种公猪。

每年春、秋季用猪瘟兔化弱毒苗各免疫 1 次。

②种母猪。

每年春、秋以猪瘟兔化弱毒苗各免疫接种 1 次或在母猪产前 30 天免疫接种 1 次。

③仔猪。

首免：20 日龄猪瘟兔化弱毒苗；或仔猪出生后未吮初乳前用猪瘟兔化弱毒苗超前免疫。

加强免疫：70 日龄猪瘟兔化弱毒苗。

④新引进猪，应及时补免。

（2）常用疫苗及使用：

1. 猪瘟活疫苗（组织苗）

a. 性状与保存：淡红色海绵状疏松团块，易与瓶壁脱离，加稀释液后迅速溶解。在 -15℃ 以下保存，有效期为 1 年。

b. 作用与用途：用于预防猪瘟，注射疫苗 4 天后，即可产生坚强的免疫力。断奶后无母源抗体仔猪的免疫期，脾淋疫苗为 18 个月；乳兔苗为 1 年。

c. 用法与用量：肌肉或皮下注射。

①按瓶签注明头份加生理盐水稀释，每头注射 1 头份。

②在猪瘟没有流行的地区，断奶后无母源抗体的仔猪，注射 1 次即可。在有猪瘟疫情威胁时，可在仔猪 21~30 日龄和 65 日龄左右时各注射 1 次。

③断奶前仔猪可注射 4 头份疫苗，以防母源抗体干扰。

d. 注意事项：疫苗应在 8℃以下冷藏条件下运输。

②如气温在 8℃~25℃时，使用单位从接到疫苗时算起，要在 10 天内用完，如气温在 25℃以上时，应用冰瓶或冷藏箱加冰块领取疫苗，随领随用。

③疫苗稀释后，如气温在 15℃以下，6 小时内用完；如气温在 15℃~27℃，则应在 3 小时内用完。

e. 不良反应

①少数猪在注射本疫苗后 1~2 日内，可能会发生体温升高、减食等反应，但 3 日内即可恢复正常。

②个别猪只可能出现过敏反应。注射疫苗后，应加强观察，如出现过敏反应，应立即注射肾上腺素等抗过敏药物进行抢救。

2. 猪瘟活疫苗（细胞苗）

a. 性状与保存：为乳白色海绵状疏松团块，易与瓶壁脱离，加入稀释液后迅速溶解。在-15℃以下，有效期为 18 个月。

b. 作用与用途：用于预防猪瘟。注射疫苗 4 日后，即可产生免疫力。断奶后无母源抗体仔猪的免疫期为 1 年。

c. 用法与用量：同猪瘟活疫苗（组织苗）。

d. 注意事项：同猪瘟活疫苗（组织苗）。

e. 不良反应：同猪瘟活疫苗（组织苗）。

3. 猪瘟、猪丹毒、猪肺疫三联活疫苗

a. 性状与保存：为淡红色或淡褐色海绵状疏松团块，易与瓶壁脱离，加稀释液后迅速溶解。在-15℃以下，有效期为 1 年；在 2℃~8℃，有效期为 6 个月。

b. 作用与用途：用于预防猪瘟、猪丹毒、猪肺疫。猪瘟免疫期为 1 年，猪丹毒和猪肺疫免疫期为 6 个月。

c. 用法与用量：肌肉注射。按瓶签标注的头份，用生理盐水或铝胶生理盐水稀释（每头份 1 毫升稀释液），不论猪只大小，每头注射 1 毫升。

d. 注意事项：

①初生仔猪，体弱、有病的猪均不应注射本疫苗。

②疫苗稀释后，应在 4 小时内用完。

③免疫前 7 日、后 10 日，均不应喂含有任何抗菌素的饲料和使用抗菌类药物。

e. 不良反应：

①少数猪只在注射本疫苗后 1~2 日内会发生体温升高、减食等反应，一般 3 日即可恢复正常。

②个别猪只可能发生过敏反应。注射疫苗后，应注意观察，如出现过敏反应，应立即注射抗过敏药物进行抢救。

（三）猪丹毒

猪丹毒是由红斑丹毒丝菌（俗称猪丹毒杆菌）引起的一种人畜共患传染病。急性型表现为败血型或在皮肤上发生特异性红疹，慢性型表现为非化脓性关节炎或增生性心内膜炎。

1. 诊断要点

临床上一般可分为最急性型、急性型、亚急性型和慢性型，但流行的猪丹毒以亚急性居多，其特征是皮肤表面出现疹块。体温升高达41℃，常于发病后 2~3 天在胸、腹、背、肩、四肢等处的皮肤发生疹块。初期充血，指压褪色，后期瘀血，呈紫黑色，压之不退。疹块发生后，体温逐渐下降，有的病猪多自行康复。

2. 防治措施

本病重在预防，平时应做好消毒工作，并按时注射疫苗。一旦发现疑似病例，立即将病猪隔离并用抗菌素加凉血化瘀的中药进行治疗，可肌注林可霉素+板蓝根注射液治疗。

（四）猪肺疫

猪肺疫，又称猪巴氏杆菌病，是由多杀性巴氏杆菌引起的猪的一种急性、热性传染病。最急性型呈败血症和咽喉炎；急性型呈纤维素性胸膜肺炎；慢性型较少见，主要表现为慢性肺炎。

1. 诊断要点

本病各年龄段的猪均易感，以中猪、小猪易感性更大。临床分最急性型、急性型和慢性型猪肺疫，以慢性多见，多散发。主要呈现慢性肺炎或慢性胃肠炎。病猪持续咳嗽，呼吸困难，鼻流出黏性或脓性分泌物，胸部听诊有啰音和摩擦音。关节肿胀。时发腹泻，呈进行性营养不良，极度消瘦，最后多因衰竭致死，病程2~4周。

2. 防治措施

本病重在预防，平时应做好消毒工作，并按时注射疫苗。一旦发现疑似病例，立即将病猪隔离，肌注泰乐菌素或氟苯尼考注射液治疗。

（五）高致病性蓝耳病

蓝耳病全名叫呼吸—繁殖障碍综合征，是由蓝耳病病毒引起的一种急性传染病，发病率和死亡率都较高。

1. 诊断要点

蓝耳病是新发生的一种传染病，临床上表现的症状非常多，较难掌握，一般规律如下：

仔猪发生蓝耳病后表现出高烧、呼吸困难、食欲不振，甚至废绝，耳后及四肢末梢青紫色，严重病例甚至全身发紫。有些仔猪顽固性腹泻，粪便呈灰黑色；有些仔猪呼吸极度困难，鼻腔几乎严实，鼻腔内流出炎性分泌物及淡红色血液；有些公仔猪尿中带血。各种抗菌素治疗无效，若防治措施不妥，可发生大批死亡。

大一些的育肥猪发病后表现出的症状与仔猪相似，但病情较轻，腹泻症状少见，死亡率低一些。

公猪发病后症状较轻，甚至不表现明显的症状而呈隐性经过。

母猪发病后高烧、不食，粪便干燥，死胎和胎衣不下多见，流胎率高，子宫内膜炎严重，断奶后迟迟不发情，发情后屡配不定。

2. 防治措施

预防蓝耳病要定期注射疫苗。发病后立即将病猪隔离，各个圈舍及圈舍周围 5~10 米的范围内每天用强力消毒灵消毒 4~6 次，疑似病猪按以下方案治疗：

方案一：板蓝根注射液+黄芪多糖注射液+头孢肌肉或静脉注射。

方案二：若仔猪腹泻不止，须饮服口服补液盐，灌服中药。[中药组方：板蓝根、贯众、连翘、大蒜、乌梅、诃子各 15 克，粟壳 12 克，红糖适量，先将前七味药煎好后加入红糖灌服。若无粟壳，可用石榴皮代替。(这些药可供五头 10 千克重的仔猪一天使用)]。

方案三：若母猪大便过于干燥，可用肥皂水灌肠或灌服中药 [中药组方：大黄、枳实、无水硫酸钠、厚朴、牵牛子、玉片子各 45 克，石蜡油 250 毫升（供 200 千克重的母猪一天使用）。

3. 高致病性猪蓝耳病疫苗的使用方法

（1）灭活疫苗免疫程序：

①商品猪：

首免：断奶后肌肉注射，剂量，2 毫升灭活疫苗。

加强免疫：高致病性蓝耳病流行地区 1 个月后加强免疫一次。

②母猪：70 日龄前同商品猪，以后每次分娩前 1 个月加强免疫一次，每次肌肉注射 4 毫升。

③种公猪：70 日龄前同商品猪，以后每 6 个月加强免疫一次，每次肌肉注射 4 毫升。

（2）灭活疫苗使用说明：

①性状与保存：为乳白色液体，呈油包水型。在 2℃~8℃条件下保存，

有效期 12 个月。

②作用与用途：用于预防高致病性猪蓝耳病。免疫期暂定为 4 个月，实验室初步研究结果表明：接种后 28 天可产生免疫保护力。

③用法与用量：耳后根肌肉注射。3 周龄及以上仔猪，每头 2 毫升；母猪，在怀孕 40 日内进行初次免疫接种，间隔 20 日后进行第 2 次接种，以后每隔 6 个月接种 1 次，每次每头 2 毫升；种公猪，初次接种与母猪同时进行，间隔 20 日后进行第 2 次接种，以后每隔 6 个月接种 1 次，每次每头 2 毫升。

④不良反应：有个别猪会出现局部肿胀，甚至发生过敏反应，应注意观察，如出现过敏反应，应及时注射抗过敏药物。

⑤注意事项。

* 对妊娠母猪进行接种时，要注意保定，避免引起机械性流产。

* 接种后，个别猪可能出现体温升高、减食等反应，一般在 2 日内自行恢复，重者可注射肾上腺素，并采取辅助治疗措施。

* 疫苗开封后，应于当日用完。

* 宰前 21 日不得进行接种。

（六）猪链球菌病

链球菌病是由链球菌引起的一种人畜共患传染病。许多书本上将猪的链球菌病分为三种类型：脑膜炎型、败血症型和关节炎型，但在临床实践中往往多种症状混合出现，并不像书上写的那么单一，因此给诊断本病带来了一定的难度。

1. 诊断要点

本病各年龄段的猪均易感，但以育肥猪多见。病猪关节肿大，跛行；关节周围或耳朵脓肿；后肢发软以致站立不稳，磨牙，口吐白沫。这些症状有些猪只出现一种，有些猪多种症状同时出现。

2. 防治措施

本病可注射疫苗预防，治疗依据不同的症状而采取对应的措施。

方案一：林可霉素每日两次肌注或每日林可霉素同磺胺交替肌注，磺胺药首次剂量加倍。本方案各种症状的猪都可使用。关节肿大跛行者加注跛痛宁注射液。

方案二：关节周围或耳朵脓肿者可用手术刀切开脓肿部位，放去脓液，再用双氧水清洗患部后涂撒消炎粉。

3. 猪链球菌病疫苗的使用方法

（1）免疫程序：

a. 种猪：

使用猪败血性链球菌弱毒疫苗进行免疫注射，种母猪在产前肌肉注射，种公猪每年注射两次。也可用猪链球菌多价灭活疫苗进行免疫。

b. 仔猪：

使用猪败血性链球菌弱毒疫苗进行免疫注射，仔猪在 35~45 日龄肌肉注射。发病猪场可用猪链球菌 ST171 弱毒冻干苗进行首免，60 日龄进行第二次免疫。

c. 紧急免疫：

如果本病正在流行，怀孕母猪应在产前 15~20 天再加强免疫一次，仔猪可提前到 15 日龄免疫。

（2）常用疫苗的选择及使用：

现主要应用猪链球菌 2 型灭活疫苗进行免疫接种，具体用法如下：

①主要成分：疫苗中含有灭活的猪链球菌 2 型 HA9801 菌株培养物，灭活前每头份>$2×10^9$ 个 CFU。本品静置后上层为淡黄色或无色澄明液体，下层为灰白色或灰褐色沉淀，振摇后呈均匀混悬液。储藏条件 2℃~8℃，有效期为 1 年，25℃条件下有效期为 1 个月。

②作用与用途：用于预防由猪链球菌 2 型引起的猪链球菌病。

③用法用量：肌肉注射。猪只不论大小，每头接种 2 毫升；免疫后14 日按同剂量进行第 2 次接种。免疫期暂定为 4 个月。

④注意事项。

* 本品严禁冻结。

* 未使用过本疫苗的地区，应先小范围试用，观察 3~5 天，证明确实

安全后才能大量用。

* 紧急预防应先在疫区周围使用，再到疫区使用。

* 疫苗使用前应充分摇匀。

* 疫苗过期、变色或疫苗瓶破损，均不得使用。

* 疫苗开封后，限 4 小时内用完。

* 针头、注射器应灭菌，注射部位应消毒，每头猪应更换针头。

* 体弱有病猪只不得使用该苗。

（七）仔猪黄、白痢

仔猪黄白痢：是一种细菌性疾病，是仔猪腹泻病中较好掌握和控制的一种疫病。

1. 诊断要点

仔猪黄白痢一般产后到断奶期间的仔猪多见，一头发病后，很快传染给同窝仔猪，往往多头甚至全窝仔猪发病后才被发现或者引起重视，病猪拉黄色或白色稀便，但精神和食欲尚可。

2. 防治措施

如果饲养管理得当，仔猪黄白痢完全可以预防，预防措施主要有以下几点：

（1）提高产房内温度。

（2）产前 3~5 天和产后 3~7 天给母猪饲喂痢菌净粉。

（3）临产期和产后不要轻易更换母猪饲料。

一旦发病，治疗方案如下：

方案一：给母猪肌注庆大霉素注射液或饲喂痢菌净粉。

方案二：给仔猪肌注抗菌素（如庆大霉素注射液），同时饮服或灌服口服补液盐。

方案三：如果方案一、方案二效果不佳，可灌服中药。

组方：炒白芍、地榆、乌梅、诃子各 15 克，粟壳 12 克，红糖适量，先将前五味药煎好后加入红糖灌服。若无粟壳，可用石榴皮代替。（这些药可供五头 10 千克重的仔猪一天使用）

（八）断奶仔猪的顽固性腹泻

仔猪断奶以后，由于圈舍内温度过低，仔猪由吃母猪乳汁转变为吃乳猪料等饲养条件的改变，加之有些传染病的流行，仔猪一时难以适应，于是有很多会发生腹泻。

1. 诊断要点

泻下的粪便往往呈灰黑色，有时粪便中夹杂有不消化的饲料颗粒，有时呈水样腹泻，仔猪很快消瘦，用抗菌素疗效不佳，治疗措施不当可引起死亡。

2. 防治措施

预防措施主要有以下几点：

（1）自繁自育的仔猪断奶前 10 天左右少量饲喂乳猪料，让仔猪的肠道慢慢适应乳猪料。

（2）引进仔猪后先隔离，不急于饲喂多量的乳猪料，而让仔猪饮服口服补液盐，饲喂米汤等易消化的食物，过 3~5 天后再由少到多饲喂乳猪料，让肠道慢慢适应。

（3）饲料内添加适量（预防量）的"痢菌净"等抗菌素。

（4）提高圈舍内温度。一旦发病，治疗方案如下。

方案一：如果是病毒性腹泻，必须用板蓝根注射液+黄芪多糖注射液+头孢肌肉或静脉注射。

方案二：饲料内添加适量〔治疗量〕的"痢菌净"，肌注"乳酸环丙沙星"注射液。

方案三：粪便中夹杂有不消化的饲料颗粒时，可在饲料中添加适量酵母粉或胃复合酶。

方案四：可灌服中药。

组方：炒白术、薏米、茯苓、乌梅、诃子各 15 克，粟壳、车前子（包煎）各 12 克，红糖适量，先将前七味药煎好后加入红糖灌服。若无粟壳，可用石榴皮代替。（这些药可供五头 10 千克重的仔猪一天使用）

方案五：让仔猪饮服口服补液盐以防止脱水。

（九）猪传染性萎缩性鼻炎

猪传染性萎缩性鼻炎是一种常见病，是由支气管败血波氏杆菌引起的一种猪的慢性呼吸道疾病。本病死亡率低，但对猪生产性能影响较大。长白猪易感本病，土种猪较少发病。

1. 诊断要点

仔猪感染后多在4~7周龄才出现临床症状，先期表现严重的打喷嚏，有鼾声，鼻内流出少量浆性分泌物或黏脓性分泌物，有时流鼻血。后期鼻甲骨萎缩，鼻中隔歪曲，鼻子歪向一边，眼角下部的皮肤上有一半月形黑色泪痕，有的猪上颚、上颌骨变短，出现"地包天"现象。

2. 防治措施

预防本病可定期注射疫苗。治疗方案如下：

方案一：肌注氟苯尼考等止咳药。

方案二：苍耳子、辛夷、薄荷、黄芩、石膏、麻黄、杏仁、甘草各10克。水煎灌服，（一次剂量可供2头20千克重仔猪一日用）。

（十）猪坏死杆菌病

坏死杆菌可使多种动物致病，如骡马的漏蹄病等。猪感染坏死杆菌后有肠炎型和皮肤型等类型，但临床上以皮肤型多见。

1. 诊断要点

母猪感染坏死杆菌后，主要在乳房及周围发生皲裂，裂口流血，疼痛难忍，哺乳母猪往往不让仔猪吃奶，并将病迅速传染给哺乳仔猪，仔猪口鼻部、耳缘部、尾巴溃烂，严重者尾巴坏死脱落。断奶仔猪感染坏死杆菌后，主要在尾巴、耳缘部溃烂，也有身体其他部位发生裂口者。

2. 防治措施

预防本病平时要勤消毒，勤扫除，保持圈舍清洁，通风条件好。本病治疗不难，只要方法得当，很快可控制本病。

方案一：若疾病刚发生，可先用1‰的高锰酸钾清洗患部，再在患部涂抹5%的碘酊，每天1~3次，一般1~3天便可治愈。

方案二：若疾病发生日久，溃烂严重，也可用中药。处方：苦参9

克，冰片 3 克，香油 30 克。制作方法：先将香油置火上炼滚，再将苦参放入香油中煎至焦黄色，捞出苦参弃之，待油晾凉，加入冰片熔化。使用方法：用制作好的油涂抹患部，每天 1~3 次直至痊愈。

（十一）猪寄生虫病

1. 猪常见的几种寄生虫病

（1）猪疥螨病。

病猪患部发痒，经常在猪舍墙壁、围栏等处摩擦，经 5~7 天皮肤出现针头大小的红色血疹，并形成脓包，时间稍长，脓包破溃、结痂、干枯、龟裂，严重的可致死，但多数表现发育不良，生长受阻。

（2）猪蛔虫病。

成虫寄生在小肠，幼虫在肠壁、肝、肺脏中发育形成一个移动过程，可引发肺炎和肝脏损伤，有的移行到胃内，造成呕吐，剖检时可见蛔虫堵塞肠道。

（3）旋毛虫病。

旋毛虫成虫寄生于肠管，幼虫寄生于横纹肌。本虫常呈人猪相互循环，人旋毛虫可致人死亡，感染来源于摄食了生的或未煮熟的含旋毛虫包囊的猪肉。

2. 主要防治措施

（1）加强环境卫生。

（2）定期进行驱虫：一般猪场每年春秋两季对种猪群驱虫，断奶仔猪在转群时驱虫一次。

3. 常用治疗药物

（1）左旋咪唑：口服每千克体重 7~10 毫克，肌肉注射可按 7.5 毫克/千克体重，一般用于猪蛔虫、猪肺线虫、猪肾虫、猪棘头虫等。

（2）伊维菌素和阿维菌素：0.3 毫克/千克体重，一次皮下注射，1 周后重复 1 次。

4. 驱虫注意事项

（1）驱虫时期的选择：育肥猪驱虫时期一般选择在断奶 1 个月后，这个时候乳猪料已停用，大猪料饲喂了10天左右，小猪的肠胃对饲料有了一定的适应性，驱虫药应用后不会引起小猪拉稀。过2个月后再驱虫一次。母猪驱虫应选择在产后到配种的这段时间。孕期不可驱虫，因为驱虫药对胎儿有害，有时还会引起流产。

（2）驱虫药投服方法：驱虫前应停食一到两顿，一般头一天下午停食，第二天早晨将驱虫药混于少量猪喜爱吃的饲料中给猪食用，然后停食、停水半日，这样效果较好。停食可使猪及胃肠内虫和虫卵饥饿，能更多更好的吃药，停水是因为吃了驱虫药的虫和虫卵经水一泡可解毒而复活。

（3）驱虫后要健胃：驱虫药对猪的胃肠有一定损害作用，驱虫后用些健胃药效果较好。一般用酵母片、健胃散、开胃精都行。目前有些药驱虫、清肠、健胃的作用都有，这样的药用过后，再不用健胃药也行。

（十二）母猪子宫内膜炎

子宫内膜炎是母猪的一种常见疾病。如不及时治疗，炎症容易扩散而导致母猪不孕。

1. 诊断要点

急性子宫内膜炎多发生在产后几日或流产后，母猪体温升高，精神不振，食欲减退，鼻镜干燥，努责，阴道内流出白色黏液或带臭味、污秽不洁的红褐色液体或脓性分泌物；如不及时治疗，可转为慢性子宫内膜炎，尾根、阴门附近有黏稠分泌物或结痂，卧地时易流出。母猪往往推迟发情或发情不正常，屡配不孕或发生胚胎死亡、流产。

2. 防治措施

预防本病主要靠产后加强饲养管理，一旦发病，治疗方案如下：

方案一：先锋+鱼腥草肌注或静注。

方案二：也可用中药加味六妙散治疗。

处方组成：黄柏24克、苍术24克、薏米30克、红藤30克、益母草30克、白芍30克、蒲公英30克、木通20克、香附子24克、鱼腥草30克、山药30克。使用方法：研末混饲，分3~4次喂完，或煎水分2次灌服。

方案三：如果阴道内有脓液流出，可用生理盐水冲洗子宫，然后子宫内投入抗菌素。

（十三）母猪乳房炎

乳房炎是母猪的常见疾病，一般产后多见。

1. 诊断要点

产后母猪患有乳房炎后由于乳房疼痛而不让仔猪哺乳，严重者乳房红肿胀硬。但一般不影响采食量。

2. 防治措施

预防本病主要靠产前加强饲养管理，一旦发病，治疗方案如下：

方案一：先锋+鱼腥草肌注或静注。

方案二：也可用中药治疗，牛籽 40 克，连翘 40 克，黄芩 15 克，柴胡 24 克，黄芪 40 克，当归 40 克，红花 15 克，地丁 40 克，公英 60 克，大青叶 50 克，花粉 24 克，王不留行 60 克，瓜蒌 40 克，夏枯草 50 克，海藻 36 克，海浮石 24 克。分两次水煎灌服或混饲。

方案三：还可用中药外涂，雄黄 50 克，樟脑 50 克，大黄 60 克，冰片 6 克，山栀子 30 克，鱼石脂软膏 5 支，研末前五味，挤入软膏，加鸡蛋清适量混匀外涂。

（十四）母猪不发情

本病现在已经越来越引起人们的重视，因为本病影响猪的生产。

1. 诊断要点

仔猪断奶 7~10 天后不发情，或后备母猪 8 月龄仍不发情，即可诊断为本病。

2. 防治措施

预防本病主要是母猪不要喂得太肥。治疗主要靠中药，激素药催情虽发情快，但受配率低，怀仔少，且可引发其他病。中药方：山药 30 克、党参 30 克、白术 24 克、云苓 18 克、熟地 40 克、枸杞 20 克、菟丝子 30 克、覆盆子 30 克、破故纸 18 克、淫羊藿 24 克、当归 24 克、巴戟天 18 克、韭子 18 克、金樱子 18 克、锁阳 18 克、甘草 12 克。

附：治疗公猪阳痿方。

覆盆子24克、熟地24克、淫羊藿30克、山药24克、五味子24克、枸杞30克、大云24克、菟丝子24克、韭子24克、金樱子24克、锁阳18克、芦巴子24克、巴戟天24克、阳起石30克、补骨脂24克、肉桂12克、山萸肉24克、麦冬18克。

（十五）母猪缺乳

缺乳是指产后母猪泌乳量少或完全无乳。多种原因可引起本病。

防治措施：预防本病主要靠加强饲养管理，怀孕后给母猪以富有蛋白质的易消化的精料、青料及多汁饲料。治疗本病要对症，若是发热性疾病引起的无乳，需治疗发热性疾病。若由饲料不足引起，可给母猪饲喂米汤+红糖+大枣。若由气血不活导致，可饲喂补气益血、活络通乳的中药：党参45克、黄芪45克、木通24克、白芍45克、生地45克、青皮45克、王不留行90克、瓜元45克、路路通50克、当归30克、甘草15克、川芎30克。

附：

1. 母猪产前高热不食方

荆芥24克、防风24克、白芷15克、薄荷18克、陈皮24克、青皮24克、苍术24克、白术24克、柴胡24克、厚朴24克、川芎15克、香附子24克、焦神曲30克、焦麦芽30克、板蓝根50克。

2. 母猪孕期小便不通方

党参30克、白术24克、扁豆24克、茯苓24克、升麻12克、桔梗12克、台乌24克、生地30克、山药30克、白花蛇草24克、桂枝24克、地丁36克、泽泻24克、木通12克、萹蓄24克。

（十六）病猪保定技术

1. 抓耳提起保定法：先用双手迅速抓住猪的两耳，将头斜提起，用双腿挟住猪的背腰部。该法多用于小猪。

2. 后肢提起保定法：用双手抓住猪的后腿，向上提起，使猪倒悬，然后用双腿膝部挟住猪的背部即可。该法适用于腹腔注射保定。

3. 上颌保定法：用绳子的一端打成直径为 15~20 厘米的活结，套在猪的上颌犬齿的后方，另一端固定在柱子上，由于猪本能的后退，使套绳固定更紧。或一端打成死结，另一端固定在 1.5 米长、直径 10 厘米粗的棍子一头，人抓住棍子另一头，将结套在猪的上颌犬齿的后方后，拧紧绳子。该法适用于育成猪和体格较大的种猪。

（十七）病猪中药饲喂技术

1. 饥喂法：先将猪禁食 1~2 日使猪饥饿，然后饲料和中药交替饲喂。此法适用于对采食量影响不大的病猪，如母猪子宫内膜炎，母猪不发情，公猪阳痿等。

2. 渴饮法：先将猪禁水 1~2 日使猪口渴，然后将中药水煎两次，混匀药液，内调口服补液盐或糖适量，装入葡萄糖液瓶中，掐好输液器，将药液滴入猪口内，根据猪吞咽情况调整药液滴出速度。此法适用于发烧不食又注射西药疗效不佳的病猪。

（十八）病猪药物注射技术

1. 肌肉注射法：此法临床上最常用，注射部位多选在血管和神经较少的臀部、耳后颈部或后肢部等部位的较大块的肌肉上。注射时使针头与皮肤垂直并迅速进针，将药液注入。起针时，用左手捏酒精棉球按住针孔，迅速拔出针头即可。这里值得一提的是给母猪注射可用"软针头"，即在针头后连一塑料软管（可从一次性输液器上截取），这样针头与注射器之间有一定活动余地，可避免针头拐歪，不保定母猪也可注射。

2. 静脉注射法：将药液直接输入血液中，使其迅速发挥药效。常用的部位是耳静脉。操作时，首先保定好病猪，用手指按压耳根静脉使之鼓起后，将针头向耳根方向刺入血管，有血液回流时，松开按压于耳根的手，输入药液即可。注射完后，用酒精棉球按压针孔，以防药液和血液回流外溢。

四、牛病

（一）牛恶性卡他热

牛恶性卡他热是一种病毒性传染病，两岁以下犊牛易感。

1. 诊断要点

牛感染本病后会出现多种症状，体温升高、呼吸困难、精神沉郁、食欲减退甚至废绝；鼻腔内流出脓涕，恶臭难闻；有的牛口腔溃烂，流口水；有的牛便血、拉稀；如不及时治疗，病牛可发生死亡。诊断本病需认真分析，仔细辨别。

2. 防治措施

本病尚无疫苗，一旦发病，立即将病畜隔离、严格消毒并用以下方案治疗：

方案一：黄芪多糖+先锋+板蓝根+维生素 C 静脉注射。

方案二：苏叶 30 克、香附子 40 克、陈皮 30 克、荆芥 30 克、防风30 克、板蓝根 30 克、苍术 30 克、厚朴 30 克、连翘 30 克、枳壳 30 克、大青叶 30 克、藿香 30 克、葛根 30 克、神曲 40 克、麦芽 40 克、山楂 40克、甘草 15 克。研末灌服，每日一剂。

（二）牛出败病

牛出败病是由巴氏杆菌引起的，以败血症和组织器官的出血性炎症为特征的传染病，故又称牛出血性败血症。

1. 诊断要点

病牛常发生头颈、咽喉及胸部炎性水肿，一年四季都可发病，一般为散发，气候突变、长途运输等应急情况下多发。临床上可将牛出败分为败血型、水肿型和肺炎型三种，但以肺炎型多见，病牛体温升高至 41℃~42℃，精神萎顿、食欲不振、发生胸膜肺炎，呼吸困难，有痛苦的咳嗽，鼻孔常有黏液脓性鼻液流出，严重病牛呼吸困难，头颈前伸，张口呼吸，病程较长，常拖至一周以上。

2. 防治措施

本病的预防要加强饲养管理，提高抵抗力。经常发生牛出败的地方，要坚持注射牛出败疫苗。发生牛出败病后，对同群牛要进行紧急预防接种。病情严重的牛隔离治疗，治疗方案如下：

方案一：阿奇泰能（主要成分为阿奇霉素、氟苯尼考），药效 48 小时，每两日肌注一次。

方案二：麻黄9克、杏仁15克、甘草15克、桔梗24克、沙参9克（此五味宣肺止咳定喘为君）、大青叶24克、二花30克、连翘15克（清热解毒为臣）、瓜蒌30克、枳壳15克（利气宽胸为使）、鱼腥草24克、芦根24克（消肿排脓为使）、鸡内金30克（促进胆汁排泄为佐）、当归9克、丹参30克（活血养血强心为佐）、黄芪45克（提高机体免疫力为佐）。水煎灌服，每日一剂。

3. 牛出败疫苗的使用方法

（1）疫苗特性：静置后上层为淡黄色澄明液体，下层为灰白色沉淀，振摇后成均匀乳浊液。主要用于预防牛出血性败血症（牛巴氏杆菌病）。注射后20天产生可靠的免疫力，免疫保护期9个月。

（2）使用方法：皮下或肌内注射，体重100千克以下的牛，注射4毫升，100千克以上的牛，注射6毫升。

（3）注意事项：2℃~15℃冷暗干燥处保存，有效期1年；28℃以下阴暗干燥处保存，有效期9个月。用前摇匀，禁止冻结。病弱牛、食欲或体温不正常的牛、怀孕后期的牛，均不宜使用。注射部位有时会出现核桃大硬结，但对健康无影响。

（三）放线菌病

牛放线菌病是一种慢性传染病，犊牛易感，常呈零星散发。

1. 诊断要点

病牛多见下颌骨肿大，界限明显，颌下及腮腺部分淋巴结局限性或弥漫性肿硬，不热不疼。

2. 治疗方案

传统方案：手术切除脓包或内服碘化钾溶液。

创新治疗方案：用75%的酒精200毫升，碘片20克，碘化钾40克，冰片6克、花椒9克。先将碘片和碘化钾一起放入研钵中研细，溶于酒精中配成10%的碘酊，再将冰片、花椒研末加入碘酊中，充分混匀，每日摇动3~4次，3日后可用。患部剪毛，用配好的药液涂抹，每日3~4次，连用 5~7 天。

（四）瘤胃积食

瘤胃积食是瘤胃被干燥的饲料胀满而使容积扩大，胃壁过度伸张的一种疾病。一般是在饥饿后采食过多容易膨胀的干料（如豌豆、玉米等）而引起。也有因牛羊身体消瘦，消化力不强，采食大量饲料又饮水不足而发病。

1. 诊断要点

食欲、反刍减少或停止，鼻镜干燥；有时出现腹疼不安，摇尾弓背，回头看腹，后肢踢腹，粪便干黑难下；触诊瘤胃胀满、坚实，但重压可成坑；听诊瘤胃蠕动音减弱，蠕动波短，次数减少，重者消失；有时由于胀满的瘤胃压迫隔膜而引起呼吸困难。

2. 防治措施

本病的预防在于平时加强饲养管理，避免牛羊一次性食入大量精饲料。发病后治疗方案如下：

方案一：禁食 1~3 日，饮服口服补液盐。

方案二：肌注开胃诱食针剂。

方案三：灌服消积化滞、健脾开胃的中药：郁李仁 90 克、麻仁 120 克、枳实 30 克、厚朴 30 克、大黄 90 克、芒硝 250~500 克、牵牛子 60 克、槟榔 24 克、神曲 45 克、麦芽 45 克、山楂 45 克、党参 45 克、黄芪 45 克、香附子 45 克、石蜡油 500 毫升。研末灌服，每日一剂。

（五）前胃迟缓

前胃迟缓是由于前胃运动机能减弱，导致消化扰乱的慢性疾病。

1. 诊断要点

食欲减退或废绝，反刍缓慢或停止。瘤胃蠕动的次数减少，力量减弱。以后逐渐消瘦，被毛粗乱，食欲时好时坏，经常出现慢性间歇性鼓气，多见于食后。有时胃内充满粥样或半液体状内容物，触诊瘤胃不很坚硬。先便秘后拉稀，或便秘拉稀交替发生，便秘时粪球小，色黑而干，拉稀时量少而软，有时还附有未消化的饲料颗粒。

2. 防治措施

本病的预防在于平时加强饲养管理，发病后治疗方案如下：

方案一：禁食 1~3 日，饮服口服补液盐或给予少量容易消化的多汁饲料。

方案二：肌注开胃诱食针剂。

方案三：灌服健脾消食、导滞和胃的中药：当归 75 克、苍术 30 克、厚朴 30 克、陈皮 30 克、枳壳 30 克、牵牛子 30 克、神曲 45 克、麦芽 45 克、莱菔子 45 克、槟榔 30 克、甘草 24 克、生姜 21 克、党参 60 克、茯苓 45 克。研末灌服，每日一剂，连服数剂。

方案四：神曲 120 克、食醋 500 毫升，加水适量。先把神曲用开水冲调，再加食醋和水，混合后一次灌服。

（六）瘤胃鼓气

本病因患畜食入易于发酵的饲草，如露水草、带霜水的青绿饲料，开花前的苜蓿，马铃薯叶以及已发酵或霉败的青贮饲料等所引起。也有的是由于误食毒草或过食不易消化的油渣、豌豆等，这些饲料在胃内急速发酵，产生大量气体，因而引起急剧鼓胀。食道阻塞及胃的其他疾病也可继发。

1. 诊断要点

发病后腹部急剧鼓胀，左肷窝显著鼓起。呼吸困难。叩击瘤胃紧如鼓皮，声如鼓响。有食入易发酵饲草史；严重时，可视黏膜发绀，后蹄踢腹，呻吟，呼吸急促，四肢张开，甚至张口吐舌，口内流涎；病至后期，患畜沉郁，不愿走动，强行牵走，左右摇晃，有时突然倒地窒息、痉挛死亡。

2. 防治措施

本病的治疗在于迅速排出气体，并制止食物继续发酵。

方案一：如果鼓胀严重，用套管针或粗针头在左肷窝部进行瘤胃穿刺。气放完后，可从针孔注入止酵药，如消气灵。也可用一木棍横放于牛口中，两头用绳绑在头上，令其不断咀嚼，排出胃内气体。如果鼓胀不太严重，可口服消气灵。

方案二：如果因过食不易消化的油渣、豌豆等引起的鼓胀，放气消胀后还要灌服消积导滞的中药：大黄 60~120 克、芒硝 250~500 克、厚朴 30克、枳实 30 克、甘草 24 克、党参 50 克、黄芪 50 克、神曲 30 克、山楂 30 克、石蜡油 500~1000 毫升，一次灌服。

方案三：石蜡油 500~1000 毫升、食醋 1000~2000 毫升，一次灌服。

方案四：如果是由于前胃迟缓引起的迁延性瘤胃鼓胀，放气消胀后还要灌服中药，木香 20 克、陈皮 30 克、槟榔 15 克、枳壳 40 克、茴香 50克、莱菔子 60 克、大黄 30 克、大蒜 40 克。熬煎取汁，大蒜捣碎调入内服，并禁食 3 日，饮服口服补液盐。

（七）牛创伤性心包炎

本病是患畜吃下尖锐及坚硬细长的物质，如铁丝、铁钉、缝针等穿破网胃和膈肌刺入心包囊而引起。常见于城市的奶牛。

1. 诊断要点

体温升高，慢性鼓气，瘤胃迟缓，反刍减少或停止。心跳加快明显，可达 100 次以上。病牛常弓背，呆立不愿走动，尤其不愿下坡和转弯。安静站立时左肘关节常向外拐而离开胸壁，肘部肌肉出现颤抖，时有呻吟。叩诊心区表现敏感（疼痛），并可在心区听到心包摩擦音。后期可见颈静脉高度充血和胸前、颌下水肿。

2. 防治措施

本病主要在于预防，应采取措施严防饲料、饲草内混入金属丝之类的异物。一旦确诊，尽早实施手术。

（八）百叶干（瓣胃阻塞）

本病多因长期、过多地饲喂粗糙干硬的饲料，如粉状的糠麸，未经充分磨碎的豆类，而且饮水不足，以至胃内水分损耗过甚，造成百叶燥结。此外，慢性胃肠积热、前胃迟缓等疾病也可继发。

1. 诊断要点

初期鼻镜干燥，被毛竖立，干枯无光。食欲、反刍减少。大便干硬色黑。后期反刍停止，口色灰白，鼻镜干裂。触诊，特别是叩击瓣胃部位，常引起疼痛不安，磨牙。听诊瓣胃时，蠕动音极弱或完全消失。大便干黑，粪球小如算盘珠，甚至没有粪便，粪球上附有黏液及少量血液，心跳缓慢。肛门内温度高而耳朵和角的温度低。有时伴有瘤胃迟缓或慢性周期性鼓气。

2. 防治措施

本病的预防在于平时加强饲养管理，发病后治疗方案如下：

方案一：禁食 1~3 日，饮服口服补液盐或给予少量容易消化的多汁饲料。

方案二：肌注开胃诱食针剂。

方案三：灌服消积导滞、逐水通便的中药，当归 60 克、大黄 40 克、厚朴 40 克、枳壳 40 克、郁李仁 30 克、苏子 80 克、香附子 40 克、玉片 20 克、炒莱菔子 50 克、二丑 30 克、神曲 50 克、山楂 50 克、地榆 30 克、芒硝 150 克、石蜡油 500 毫升。

方案四：猪油 1000 克、萝卜 250 克、胃肠活 200 克。先将萝卜熬好，加入炼化的猪油，调入胃肠活，灌服。

（九）肝片吸虫病

中国分布最广泛（31 个省、市、自治区），危害最严重的寄生虫病之一，虫体寄生于黄牛、水牛、绵羊、山羊、鹿和骆驼等各种反刍动物的肝脏和胆管中，往往导致羔羊和犊牛的急性死亡。尤其幼畜和绵羊，常导致大批死亡。

1. 诊断要点

中间宿主为锥实螺，终末宿主为牛羊，发病季节，幼虫为夏秋，成虫为冬春。

急性型：幼虫的移行引起，多见于夏秋季，引起急性内出血死亡。幼虫集中侵入，可以引起腹膜炎和创伤性肝炎，可出现突然倒地，食欲下降，消瘦，可视黏膜苍白黄染，严重者几天内死亡。

慢性型：成虫引起，发生于冬春。虫体已经寄居于胆管。消瘦，贫血，被毛粗乱无光，眼睑、颌下、胸下水肿，下颌触之有波动感，软面团，无热无痛。食欲下降，便秘和下痢交替出现，病程 1~2 月因恶病质而死在春夏放牧后，在正常饲养管理条件下慢性消瘦、贫血、水肿、消化紊乱，结合流行病学调查，可初步怀疑本病，剖检时肝胆管内发现大量虫体即可确诊。

2. 防治措施

预防措施主要有：每年驱虫两次，消灭中间宿主。药物灭螺、土埋灭螺、曝晒灭螺、生物灭螺。防止畜禽吃到囊蚴，在地势高燥处放牧，轮牧，粪便发酵处理。治疗方案如下：

方案一：硝氯酚 3~4 毫克/千克体重口服。

方案二：贯众 30 克，使君子 30 克，槟榔 30 克，大黄 30 克，鸡内金 30 克，苏木 30 克，丹参 30 克，龙胆草 30 克，茯苓 30 克，白术 30 克，木通 12 克，泽泻 18 克，甘草 18 克，厚朴 30 克，白芍 30 克，当归 30 克，黄芪 45 克，柴胡 30 克。水煎灌服或粉碎后灌服，方中贯众、使君子、槟榔杀虫消积，大黄、鸡内金清除肝细胞的炎症和胆汁瘀积，有利于虫体排出，为君药；苏木、丹参活血止痛，龙胆草利湿健胃，茯苓、白术渗湿健脾，厚朴、甘草理气健脾，木通、泽泻利水消肿，为臣药；白芍、当归、黄芪能减轻肝细胞变性坏死，促进肝细胞再生，为使药；柴胡引药归经，清热解毒为佐药。

（十）螨病

螨病又叫疥癣、疥虫病、疥疮等，具有高度传染性，往往在短期内可引起畜群严重感染，危害十分严重。

1. 诊断要点

本病以剧痒、皮炎及结痂和脱毛为特征，始于面部、尾根，颈背短毛处，患部皮肤渗出、脱毛、老化，形成痂皮以及逐渐向外蔓延，病牛逐渐消瘦。牛、羊、猪易感，夏季少发，秋末冬季、初春多发。

2. 防治措施

预防措施是经常检查畜群有无发痒、掉毛现象，及时发现，隔离饲养并治疗；畜群不得过于密集，宽敞、干燥、通风；注意消毒和清洁卫生，用具保持清洁，不被螨污染；外地购买畜群需要隔离观察。治疗方案如下：

方案一：局部涂擦：0.1%~0.2%杀虫脒溶液，0.1%溴氰菊酯水溶液。将患部被毛剪掉，清洗患部，刷去皮屑，5~7日后重复一次。

方案二：全身用药，伊维菌素每千克体重0.2毫克颈部皮下注射。

（十一）有机磷中毒

由于牛吸入、食入或经皮肤接触有机磷制剂引起中毒。普通的有机磷制剂有1605（对硫磷）、1509（内吸磷）、甲基1605（甲基对硫磷）、敌敌畏、乐果和敌百虫等。

1. 症状

中毒数小时后出现流涎，出汗，呼吸困难，心音增强；臌气，疝痛，呻吟，便稀带血，尿失禁，肢端发凉；结膜充血，眼球突出，瞳孔缩小，结膜苍白，肠音亢进。未经及时治疗者可于24小时内死亡。

2. 治疗

经接触引起的中毒可用清水洗净，以防止中毒加深。另外可皮下注射阿托品10~50毫克。注射后如症状仍未缓解，隔2~4小时重复注射，并稍加大剂量。在此治疗基础上，配合解磷定或氯磷定5~10克，配成2%~5%水溶液静脉注射，每隔4~5小时用药1次。实践证明：阿托品和解磷定合用效果更好。双复磷为目前优良的有机磷中毒解救药，每千克体重皮下或肌肉注射40~60毫克，可取得较好治疗效果。

（十二）氢氰酸中毒

1. 病因

牛采食或误食过多富含氰苷或可产生氰苷的饲料。

（1）高粱及玉米的新鲜幼苗均含有氰苷，特别是再生苗含氰苷更高。

（2）亚麻子含有氰苷，榨油后的残渣（亚麻子饼）可作为饲料；土法榨油中的亚麻子经过蒸煮，氰苷含量少，而机榨亚麻子饼内氰苷含量较高。

（3）蔷薇科植物。桃、李、梅、杏、枇杷、樱桃的叶子和种子含有氰苷，当饲喂过量时，均可引起中毒。

（4）豆类植物。豌豆、蚕豆苗。

2. 症状

牛采食含有氰苷的饲料后 15~20 分钟出现症状。表现腹痛不安，呼吸加快，可视黏膜鲜红，流出白色泡沫状唾液；首先兴奋，很快转为抑制，呼出气体有苦杏仁味，随后倒地，体温下降，后肢麻痹，肌肉痉挛，瞳孔散大，最后昏迷而死亡。

3. 治疗

（1）特效疗法：发病后立即用 5% 亚硝酸钠注射液 40~50 毫升（总量为 2 克），静脉注射。随后再注射 5%~10% 硫代硫酸钠 100~200 毫升。

（2）根据病情可进行对症治疗。

（十三）尿素中毒

1. 症状

瘤胃弛缓，反刍减少或停止，口吐白沫，鼻镜发绀，肌肉颤抖，抽搐，最后死亡。

2. 治疗

（1）灌服 2% 的醋酸溶液 2~3 升（或食醋 0.25~0.5 千克），以降低瘤胃 pH 值，阻止尿素继续分解。

（2）静脉注射 10% 葡萄糖酸钙 300~500 毫升，25% 葡萄糖 500 毫升，以中和被吸收入血液中的氨。

（十四）棉籽饼中毒

1. 诊断要点

慢性中毒：食欲下降，消化紊乱，尿频或尿闭。继发呼吸道的炎症。犊牛有腹泻症状。

急性中毒：发生胃肠炎、脱水、酸中毒等症状。

严重中毒：牛伏卧，伸颈或头弯向一侧。

剖解变化：可见胆囊肿大，心肌变软，肺内有泡沫，肺泡内有气体。

2. 防治措施

预防：棉籽饼在饲料中的比例不宜过高，不易长期饲喂；棉籽饼采用0.1%的硫酸亚铁浸泡处理。

治疗：立即停喂棉籽饼，用0.3%~0.5%的高锰酸钾水内服，并用硫酸钠或硫酸镁调整肠胃。

中药治疗方剂：麻黄18克、杏仁30克、甘草30克、党参30克、麦冬30克、五味子18克、丹参30克、山药50克、厚朴30克、瓜蒌45克、莱菔子30克、黄芪30克、桑白皮30克、沙参30克、柴胡30克、白芍50克、枳壳30克、鸡内金30克、当归30克、大黄10克。水煎灌服，每日一剂。此方宣肺止咳，降气定喘，利气宽胸，疏肝利胆，强心补血，活血解毒，降低心肺压力，缓解各种症状。

（十五）伊维菌素中毒

伊维菌素是较好的驱虫药，广泛应用于牛羊驱虫，但使用方法不当可引起中毒。

1. 诊断要点

病牛食欲废绝，鼻内流出大量清水，口腔内流出大量清水和泡沫，走路步态不稳，似醉酒状，体温下降到36.5℃~37℃，眼球和眼结膜充满血丝，听诊气管内发出吼声，心音极弱。后期腹胀严重，用针头放气后又马上鼓胀。死亡后的牛腹胀十分严重，口鼻部位的地面上有流出大量清水和白沫的痕迹，舌头外吐，肛门外翻，肛门口有粪便，粪便正常，尿道口地面上有尿的痕迹，在临死前有大小便失禁的现象。剖解见淋巴结正常，心脏基本正常，肺部严重瘀血，气管内点状出血，肝脏瘀血，胆囊肿大，皱胃出血，小肠严重出血。

2. 防治措施

有些养殖场将伊维菌素混饲长期饲喂，这种做法极容易引起中毒，驱虫药应该算好剂量，一次性饲喂，过10~15天再饲喂一次。发病后治疗方案如下：

方案一：症状严重的牛输液，分四组，第一组用10%的葡糖糖加生

脉注射液以强心；第二组用 10% 的葡糖糖加肝泰乐以保肝护肝；第三组
10% 的葡糖糖加地米以抗应激；第四组能量合剂以补充体能，加快代谢以
解毒。另外，高糖有保肝和利尿作用，利于毒物排出。

方案二：症状轻微和未出现症状者全部用中药。

处方：党参 30 克，麦冬 24 克，五味子 12 克，（强心）；丹参 12 克，
黄芪 50 克，当归 24 克（补气活血），桔梗 24 克（喧肺），甘草 30 克（调
和诸药，解毒），柴胡 12 克，香附子 24 克，白芍 30 克，鸡内金 24 克
（疏肝利胆，保肝护肝，理气消胀），木通 9 克（利尿排毒），炮姜 6 克
（升高体温），莱菔子 30 克（消食化痰，增进食欲）。

这是一头牛一天的剂量，根据中毒牛的数量用药，水煎灌服或混饲。

(十六) 产后瘫痪

产后瘫痪，中兽医叫产后风，是母畜分娩前后突然发生的急性代谢性
疾病，主要特征是母畜昏睡及四肢瘫痪。本病多见于产奶量高的奶牛。

1. 诊断要点

多见于产后二三天内发病，也有少数在产前或分娩几小时后发生；病
轻者，能勉强站立，但走路摇摆不稳，后肢发软，精神沉郁，食欲减退，
体温正常或稍低。病重者，卧地不起，精神萎顿，食欲、反刍停止，瞳孔
放大。奶牛头颈常向后弯至胸部，呈昏睡状态。体温下降，四肢末梢发
凉，但痛觉反射仍正常。

2. 防治措施

本病的预防在于平时加强饲养管理，饲料里面添加乳酸钙，怀孕后期
可肌注钙剂。发病后治疗方案如下：

方案一：静注 10% 的葡萄糖酸钙，牛一次用量 500~1000 毫升，必要
时重复应用。

方案二：灌服祛风除湿、补气活血、壮腰补肾的中药，党参 30 克、
黄芪 45 克、当归 30 克、川芎 24 克、白芍 24 克、独活 24 克、伸筋草 24
克、防风 24 克、红花 24 克、寄生 30 克、川断 24 克、金毛狗脊 30 克、牛
膝 30 克、元胡 24 克、公英 50 克、鱼腥草 30 克。研末灌服，每日一剂。

（十七）胎衣不下

母牛产后 12 小时后胎衣不能正常排出，称胎衣不下。病因是孕牛缺乏运动，饲料中缺乏钙、盐、维生素、及其他矿物质。也有体虚气弱、子宫炎等引起的。

1. 诊断要点

阴户中有垂出的胎衣，患牛表现弓腰努责。有时阴户中流出污红色腐臭恶露，其中夹杂有白色未腐烂的脉管；严重时体温升高、不食、腹泻。

2. 防治措施

本病的预防在于平时加强饲养管理，怀孕后期也要适当运动。分娩时接下羊水，分娩后立即灌服 3000 毫升有预防本病的作用。发病后治疗方案如下：

方案一：10％的盐水 1000~1500 毫升，溶入青霉素 1600 万国际单位，加热至 40℃，灌入子宫，每日一次，连用 1~3 日。

方案二：灌服中药。仅胎衣不下，无其他异常，可升阳益气，开瘀降浊。党参 45 克、黄芪 60 克、柴胡 15 克、当归 30 克、白术 30 克、川芎 15 克、陈皮 24 克、炙甘草 15 克、莱菔子 60 克，共为末，黄酒 120 毫升为引，每日一剂，连服二剂。若体温升高，努责或疼痛不安的，可破血下瘀，止疼：当归 60 克、川芎 24 克、五灵脂 18 克、桃仁 21 克、红花 21 克、枳壳 30 克、乳香 15 克、没药 15 克、益母草 90 克。共为末，黄酒 120 毫升为引，每日一剂。

方案三：手术剥离。

（十八）乳房炎

1. 概述

乳腺组织发炎称乳房炎。本病是奶牛的常发病，水牛、黄牛偶有发生。引起本病发生的原因主要是牛舍不卫生，挤乳不规范及乳头损伤导致细菌感染等。

2. 症状

（1）多数临床表现为乳区红、肿、热、痛，泌乳量减少，并可见絮状物或仅挤出淡黄色液体。

（2）个别牛乳中带血。

（3）少数牛乳房挤乳、过滤等均未见异常，只是将奶汁静置30分钟后乳汁上部可见淡黄色糊状物。

（4）一旦引起全身感染，则出现体温、呼吸、心跳异常及食欲减少等症状。

3. 治疗

（1）乳头灌注疗法：0.5%的环丙沙星50毫升、0.25%~0.5%普鲁卡因100毫升，青霉素80万国际单位、链霉素50万国际单位，每次挤乳后一次乳头灌注，直至痊愈。

（2）乳房基部封闭疗法：0.25%~0.5%普鲁卡因50毫升、青霉素80万单位。此方法最好配合乳头灌注疗法，1日1次，连续4~5日。

（3）全身疗法：当引起全身感染，患畜有体温升高等一系列全身反应时，采用此法。常用的治疗方法为静脉注射或肌肉注射抗生素及磺胺类药物。

（4）冷敷、热敷及涂擦刺激物：为制止炎性渗出，在炎症初期需冷敷，2~3日后可热敷，以促进吸收。在乳房上涂擦樟脑软膏、鱼石脂软膏，可促进吸收，消散炎症。

（5）中药疗法：可参考母猪乳房炎的方剂。

（十九）新生犊牛衰弱

1. 病因

新生犊牛衰弱是指犊牛衰弱无力、生活力低下的一种先天性发育不良，多发于早春季节。病因如下：

（1）主要起因于怀孕期蛋白质、维生素（尤其维生素 A、B_2、E）、矿物质（主要是铁、钙、钴、磷）和微量元素（硒、锌、碘、锰）等营养物质缺乏。

（2）孕畜患妊娠毒血症、产前截瘫、慢性胃肠病和某些传染病时。

（3）早产、近亲繁殖或双胎时。

2. 症状

（1）仔畜衰弱无力，肌肉松弛，动作不协调，站立困难或卧地不起。对外界刺激反应迟钝，不会自找奶头，吮乳反射很弱或消失。

（2）体温低下，耳、鼻、唇及四肢末梢冷凉。脉搏快而弱，呼吸浅表而不规则，且易发生窒息。

3. 治疗

（1）首先应把仔畜放在温暖的屋子里，室温应保持在 25℃~30℃，必要时用覆盖物盖好。冻僵的假死犊牛，将头部以下泡在 45℃的温水中，可以救活过来。

（2）为了供给养分及补氧，可静脉注射 10%葡萄糖 500 毫升，加入双氧水 30~40 毫升。也可用 5%葡萄糖 500 毫升、10%葡萄糖酸钙 40~100 毫升、维生素 C 10 毫升、10%安钠咖 5~10 毫升，一次静注。

（3）根据病情还可应用维生素 A、D、B 等制剂和能量药物如三磷酸腺苷、辅酶 A、细胞色素 C 等。

对衰弱仔畜的护理十分重要。要定时实行人工哺乳，最好喂给母畜初乳。仔畜如不能站立，应勤翻动，防止发生褥疮。

（二十）脐炎

脐炎是新生仔畜脐血管及其周围组织的炎症。可发生于各种仔畜，常见于驹和犊牛。

1. 病因

新生仔畜的脐带残段，一般在生后 3~6 天即干燥脱落，在此期间脐带受到污染及尿液浸渍，或接产时对脐带消毒不严，均可使脐带细菌感染而发炎。

2. 症状

（1）脐血管炎时，初期脐孔周围温热、充血、肿胀、疼痛，患畜弓腰，不愿行走。有时脐带部形成脓肿，脐带残段脱落后，脐孔处湿润，形成一瘘孔，内有脓汁。

（2）脐坏疽时，脐带残段呈污红色，有恶臭味，脐孔处肉牙赘生，形成溃疡面，附有脓性渗出物。

（3）有的继发脓毒败血症或破伤风。

3. 症状

（1）初期，用青霉素 80 万~160 万 IU、0.25%~0.5%普鲁卡因10~20 毫升，在脐孔周围封闭。

（2）5%碘酊涂擦脐部。

（3）脐孔形成瘘管时，用消毒药液洗净其脓汁，涂注碘仿醚或碘酊。有脓肿时，需切开排脓。

（4）脐带发生坏疽时，必须切除脐带残段，除去坏死组织，用消毒药液清洗后，再涂以碘仿醚或 5%碘酊。

（二十一）犊牛肺炎

犊牛肺炎又称支气管肺炎或卡他性肺炎，是肺泡和肺间质的炎症。临床上多表现为发热，呼吸次数增多，咳嗽，肺部听诊有异常呼吸音。

1. 病因

细菌、病毒、支原体、衣原体等病原微生物的感染是犊牛患肺炎的主要原因。犊牛体质虚弱，牛舍寒冷、潮湿、拥挤、通风不良、天气突然变化、日光照射不足等能够诱发犊牛肺炎。

2. 症状

犊牛肺炎多发于2~4 月龄的犊牛。病犊精神不振，食欲减少或废绝，前胃弛缓、中度发热，结膜潮红。呼吸困难，多呈明显腹式呼吸。起初干咳，后变为湿咳。支气管分泌物过多，流鼻涕。重症者多死于肺心症和败血症。转为慢性者长期咳嗽、消瘦、下痢、生长发育受阻。

3. 预防

加强临床检查，及早发现病畜，及时隔离治疗；保持牛舍清洁、干燥、卫生、通风和保温，并定期消毒；日粮营养要全面，提高犊牛抗病力。

4. 治疗

原则是抗菌消炎，促进炎性渗出物的吸收和排出。常用的治疗药物如下：

（1）磺胺嘧啶钠注射液，肌肉或静脉注射，一次量每千克体重 0.05~0.1 克，一日两次，连续用 2~3 天。

（2）恩诺沙星注射液，肌肉注射，一次量每千克体重 0.05 毫升，每日两次，连续用 2~3 天。

（3）卡那霉素，肌肉注射，每千克体重 10~15 毫克，两天一次，重症可一天一次，连续用 2~3 天。

（4）林可霉素，肌肉注射，一次量每千克体重 0.05 毫升，每日 2 次，连续用 3 天。

重症病牛应补充水与电解质，常用 5%的葡萄糖生理盐水 1000~1500毫升，一次静脉注射。出生时羊水呛入肺部引起的肺炎也可参考此治疗方法。

（二十二）牛的保定技术

1. 徒手保定

（1）适用范围

适用于一般检查、灌药、颈部肌肉注射及颈静脉注射。

（2）操作方法

先用一手抓住牛角，然后拉提鼻绳、鼻环或用一手的拇指与食指、中指捏住牛的鼻中隔加以固定。

2. 牛鼻钳保定

（1）适用范围

适用于一般检查、灌药、颈部肌肉注射及颈静脉注射、检疫。

（2）操作方法

将鼻钳两钳嘴抵住两鼻孔，并迅速夹紧鼻中隔，用一手或双手握持，亦可用绳系紧钳柄将其固定。

3. 柱栏内保定

（1）适用范围：适用于临床检查、检疫、各种注射及颈、腹、蹄等部疾病治疗。

（2）操作方法：单栏、二柱栏、四柱、六柱栏保定方法、步骤与马的柱栏保定基本相同。亦可因地制宜，利用自然树桩进行简易保定。

五、羊病

（一）小反刍兽疫

小反刍兽疫，是由小反刍兽疫病毒引起的一种急性病毒性传染病。主要感染小反刍动物，以发热、口炎、腹泻、肺炎为特征。

1. 诊断要点

绵羊感染后体温可上升至 41℃，眼圈发红，有眼屎，眼结膜潮红，鼻流清涕或脓涕，口腔黏膜轻度充血，多涎，严重病例可见齿垫、腭、颊部及其舌头等处有坏死病灶。后期出现咳嗽、呼吸困难，拉黄色或黑绿色恶臭稀粪，个别粪便中带血，严重脱水，消瘦，甚至死亡。怀孕母羊可发生流产。易感羊群发病率通常达 60% 以上，病死率可达 50% 以上，幼年动物发病严重，发病率和死亡率都很高。

尸体剖检病变可见结膜炎、坏死性口炎等肉眼病变，严重病例可蔓延到硬腭及咽喉部。皱胃常出现病变，病变部位有糜烂，或创面红色、出血。肺瘀血水肿，与胸腔粘连，部分有胸腔积液，积液化脓，大肠壁变薄，有充血，肠系膜淋巴结水肿。

2. 防治措施

平时要加强饲养管理，按时注射疫苗预防。疑似病例的治疗用中药效果较好。

麻黄 6 克、杏仁 6 克、石膏 30 克、桔梗 9 克、甘草 6 克、枳壳 9 克、柴胡 9 克、丹参 12 克、地榆 12 克、白头翁 15 克、黄连 6 克、二花 15 克、连翘 15 克、板蓝根 30 克、车前子 12 克、丹皮 9 克、黄芪 30 克。水煎服，1~2 日一剂，灌服 50 千克大羊一只。

3. 小反刍兽疫疫苗使用方法

（1）免疫程序：能繁母羊和种公羊 3 年免疫一次，对引进羊只和新产羔羊定期补免，保证免疫保护率达到 100%。

（2）免疫方法：按瓶签注明的头份，用灭菌生理盐水稀释为每只羊颈部皮下注射 1 毫升。

（二）羊魏氏梭菌病

羊魏氏梭菌病由魏氏梭菌引起，可分羊肠毒血症、羊快疫、羊黑疫、羊猝狙、羔羊痢疾等五种类型。

1. 诊断要点

魏氏梭菌适宜在阴暗、潮湿的地方生长，所以本病一般在春夏交接和夏秋交接的时节多发，一般是雪后天晴的时候，羊雪天吃不到草而饥饿，雪后到潮湿之地食入多量带菌的草而发病，一般是身体强壮、跑到前面的羊更容易发病。本病发病急、死亡率高，症状往往是病羊突然拉一点稀粪，蹦跳几下，叫唤一声后倒地死亡。剖解除羊肠毒血症小肠部位充血甚至糜烂外，其他脏器肉眼观察无变化，有时胆囊肿大，肉的颜色比正常屠宰的红。

2. 防治措施

本病发病急、死亡快，所以重在预防。预防本病的疫苗叫三联四防苗，春、秋各注射一次即可。发病后应紧急接种，严格消毒。病情轻未死亡的羊可用以下方案治疗：

方案一：用大蒜泡酒后灌服，每只羊灌酒 10~20 毫升，每日 2 次。

方案二：先灌服大黄水使其拉稀，再灌服甘草水。

方案三：板蓝根 10 克、二花 10 克（清热解毒）、丹皮 10 克、赤芍 10 克（凉血化瘀）、枳壳 10 克（理气宽胸）、大黄 10 克（清除肠热）、莱菔子 10 克（降气消食除胀）、鸡内金 10 克（疏肝利胆消食）、菖蒲 12 克（开窍除风）、防风 10 克、僵蚕 10 克（祛风解痉）、甘草 10 克（调和诸药，解除毒性）。每日一剂，水煎服或研末灌服。

3. 三联四防疫苗使用方法

免疫程序：每年 6、12 月各注射 1 次，定期补免。

使用方法：干粉苗不论年龄大小一律肌肉或皮下注射 1 毫升，灭活苗不论年龄大小一律肌肉或皮下注射 5 毫升。

（三）羊痘

羊痘是由痘病毒引起的一种急性传染病，传染性强。

1. 诊断要点

本病一般在夏秋之际多发，病初羊发烧、不食、羊嘴唇部和大腿内侧无毛处出现红片，严重者全身出现圆形疙瘩，体格强大者一般可耐过，体格瘦弱者由于不食而有死亡病例。

2. 防治措施

本病有疫苗，一年注射一次即可有效预防。发病后应隔离病羊，未发病的羊紧急接种，圈舍及场地严格消毒。病羊治疗方案如下：

方案一：青霉素+板蓝根注射液+安痛定肌肉注射。

方案二：升麻 12 克、葛根 12 克、白芍 15 克、甘草 9 克、板蓝根 20 克、二花 15 克、柴胡 12 克、荆芥 9 克、防风 9 克、桔梗 9 克、黄连 3 克、黄芪 15 克。水煎灌服或研末灌服。

3. 羊痘疫苗的使用方法

（1）免疫程序：

无论羊只大小，在尾内侧或股内侧皮内每只注射 0.5 毫升山羊痘疫苗，每年一次。羊羔断乳后再加强免疫一次。

（2）山羊痘活疫苗使用说明：

a. 性状及保存：为微黄色海绵状疏松团块，易与瓶壁脱离，加生理盐水后迅速溶解。在 -15℃以下，有效期为 2 年。

b. 作用与用途：用于预防绵羊痘及山羊痘。注苗后 4~5 日产生免疫力，免疫期为 1 年。

c. 用法与用量：尾根内侧或股内侧皮内注射，按瓶签注明头份，用生理盐水（或注射用水）稀释为每头份 0.5 毫升，不论羊只大小，每只注射

0.5 毫升。

d. 注意事项：

①本疫苗可用于不同品系和不同年龄的山羊及绵羊，也可用于孕羊。但给怀孕羊注射时，应避免抓羊，以免引起机械性流产。

②在羊痘流行的羊群中，可用本疫苗对未发痘的健康羊进行紧急接种。释后的疫苗须当天用完。

（四）羊传染性胸膜肺炎

羊传染性胸膜肺炎又称羊支原体性肺炎，是由支原体所引起的一种高度接触性传染病，其临床特征为高热、咳嗽，胸和胸膜发生浆液性和纤维素性炎症，取急性和慢性经过，病死率很高。

1. 诊断要点

根据病程和临床症状，可分为最急性、急性和慢性三型。但急性最常见。病初体温升高，继之出现短而湿的咳嗽，伴有浆性鼻漏。4~5 天后，咳嗽变干而痛苦，鼻液转为黏液–脓性并呈铁锈色，高热稽留不退，食欲锐减，呼吸困难和痛苦呻吟，眼睑肿胀，流泪，眼有黏液–脓性分泌物。口半开张，流泡沫状唾液。头颈伸直，腰背拱起，腹肋紧缩，最后病羊倒卧，极度衰弱萎顿，有的发生臌胀和腹泻，甚至口腔中发生溃疡，唇、乳房等部皮肤发疹，濒死前体温降至常温以下，病期多为7~15 天，有的可达 1 个月。幸而不死的转为慢性。

病变多局限于胸部。胸腔常有淡黄色液体，间或两侧有纤维素性肺炎；胸膜变厚而粗糙，上有黄白色纤维素层附着，直至胸膜与肋膜、心包发生粘连。心包积液，心肌松弛、变软。

2. 防治措施

免疫接种是预防本病的有效措施。发病后立即隔离病羊，治疗方案如下：

（1）西药方案：

方案一：板蓝根+泰乐菌素+黄芪多糖，肌肉注射。

方案二：阿奇泰能+黄芪多糖，肌肉注射。

（2）中药方案：麻黄6克、杏仁9克、石膏24克、甘草6克、芦根15克、黄芩9克、桔梗9克、大青叶9克、二花12克、连翘9克、瓜蒌15克、木通6克、枳壳9克、丹参9克、鸡内金9克。

水煎灌服或拌料饲喂。

（五）羊口疮

该病由脓疱疮病毒引起，羔羊多发，也称病毒性口疮。主要特征为口唇等处皮肤和黏膜形成丘疹、脓疱、溃疡和结成疣状厚痂。

1. 诊断要点

该病在临床上可分为唇型、蹄型和外阴型，但以唇型感染为主要症状。病羊先于口角上唇或鼻镜处出现散在小红斑，以后逐渐变为丘疹和小结节，继而成为水疱、脓疱、脓肿互相融合，波及整个口唇周围，形成大面积痂垢，痂垢不断增厚，整个嘴唇肿大、外翻，呈桑椹状隆起，严重影响采食。病羊表现为流涎、精神萎缩、被毛粗乱、日见消瘦。

2. 防治措施

采用疫苗预防效果较好，未发疫地区，羊口疮弱毒细胞冻干苗，每头0.2毫升，口唇黏膜注射，发病地区，紧急接种，仅限内侧划痕，也可采用把患羊口唇部痂皮取下，剪碎，研制成粉末状，然后用5%甘油灭菌生理盐水稀释成1%浓度，涂于内侧，皮肤划痕或刺种于耳。

发病后对感染病羊隔离饲养，圈舍进行彻底消毒。给予病羊柔软的饲料、饲草，如麸皮粉、青草、软干草，保证清洁饮水。剥离痂垢后，一定要剥净，然后用淡盐水或0.1%高锰酸钾水溶液清洗疮面，再用2%龙胆紫（紫药水）或碘甘油（碘酊、甘油：1:1）涂擦疮面，间隔3~5天再用1次。同时，肌肉注射VE 0.5~1.5克及VB 20~30克，每日2次，连续注射3~4天。

羊口疮外用验方：青黛50克、冰片15克、黄柏30克、雄黄30克、枯矾50克、病毒灵100片（1瓶）、地塞米松片30片。研为极细末，用清油调成糊状涂患部。涂药前可用千分之一的高锰酸钾清洗患部。

(六) 羊黄曲霉中毒

1. 诊断要点

羊只有采食发霉草料的经历，发病后食欲不振，流泪、磨牙、羞明，个别羊反应淡漠，垂头呆立，不愿走动，强行走时步态蹒跚，腹胀，腹泻，粪中有血。剖解可见肝脏质地变脆，表面有灰白色，胆囊肿大，胆汁黏稠；严重腹水，内有纤维渗出，呈乳白色。

2. 防治措施

平时认真检查草料，不给羊饲喂发霉变质草料。发病后立即停喂发霉草料，并用以下方案治疗。

中药处方：党参 15 克、麦冬 9 克、五味子 6 克、丹参 15 克、甘草 30 克（强心解毒）、山药 30 克、薏米 30 克、白术 15 克（健脾止泻）、地榆 12 克（止血）、柴胡 9 克、白芍 20 克、鸡内金 9 克（保肝利胆）、黄芪 20 克（提高免疫力）。水煎饮服。

药水煎好后，内加葡糖糖、肌苷和 VC，起到保肝护肝和解毒的辅助治疗作用。

(七) 氟苯尼考中毒

氟苯尼考是一种广谱抗菌药物，在临床治疗中疗效很好，广泛被养殖户和个体兽医使用，但使用时间过长或剂量过大会引起中毒，给养殖业造成诸多不良后果。

1. 诊断要点

病羊精神状况不佳，疲乏，不愿走动；严重的腹胀，反刍停止，食欲废绝，磨牙，口角流涎，卧地不起，体温 39.5℃~40.5℃。剖解可见肝脏土黄色，胆囊略肿大；大肠和小肠充血严重，肠系膜淋巴结严重充血并肿大，肠内充满气体；腹腔内有血红色积液；肾脏变软，颜色变浅，有索状出血；肺脏右叶瘀血，左叶正常，无粘连现象；右心室扩大，心壁变薄变软。

2. 防治措施

在使用氟苯尼考或其他兽药时必须严格按照使用说明规范使用，不乱用、滥用和长时间大剂量使用兽药，可预防药物中毒。中毒后治疗方案如下：

（1）病情重，卧地不起的羊输液治疗。

第一组：黄芪多糖2支（20毫升），林可霉素1支（10毫升），维生素C，2支（20毫升），加入250毫升5%葡萄糖中，提高免疫力，控制激发感染。

第二组：250毫升10%的葡萄糖，保肝解毒。

第三组：碳酸氢钠250毫升，平衡酸碱度，缓解中毒症状。

（2）病情轻一些灌服甘草、绿豆汤解毒。

（八）羊鼻蝇蛆病

1. 诊断要点

羊鼻蝇蛆病是由羊鼻蝇内幼虫寄生在羊的鼻腔及附近腔窦内所引起的疾病。一般发生于每年的5~9月份。患羊最初流多量黏液性和脓性鼻液，有时混有血液。羊发生呼吸困难，打喷嚏、摇头，摩鼻，流泪，食欲减退，日渐消瘦。

2. 治疗方案

（1）注射伊维菌素（注射方法和剂量看说明书）。

（2）鼻腔内注入3%的来苏尔水，每个鼻孔5~10毫升。

（九）营养代谢病

1. 羔羊尿结石

由于公羔羊的尿道狭窄，在春季麦麸喂量过多、饲料中缺乏维生素或羔羊患有尿路炎症等情况下，均易引发尿道结石，尤以3~4月龄羔羊多发。

（1）诊断要点：病羊初期排尿淋漓，排尿时间延长，逐渐发展为排尿疼痛，后期常呈排尿姿势，有时痛叫。尿道不完全阻塞时呈线状或滴状排尿，完全阻塞时则闭尿。外部触诊可发现结石，治疗不及时可导致膀胱破裂而死亡。

（2）防治措施：预防该病的关键是供给充足的营养和定期进行预防性排石，每月用双氢克尿噻排石1次。

发现病羊，全群立即停喂麸皮，多喂优质青干草和胡萝卜等饲料。轻症羊每只喂服双氢克尿噻 0.2 克，同时全群进行预防性排石，并注意给羊多饮温水。

症状较重的患羊可灌服排石汤，处方为金钱草和海金砂各 20 克，车前子和石苇各 15 克，瞿麦、木通、延胡索、鸡内金、枳壳、甘草各 5 克，加水煎煮，候温灌服。日服 1 剂，连服 3~4 天，药渣可煎服第 2 次。

药物治疗无效时应用手术排石。

附：羊尿道结石治疗手术详解

1. 术前准备

缝合针、缝合线各 6 套，手术刀片 2 片，止血钳（弯、直）各 2~3 把，持针钳 1 把，纱布适量，普鲁卡因、碘酒、医用酒精等适量。尼龙绳 2~3 米，保定架（也可吊在 2.5 米高的横梁上）一个。助手一人。

2. 羊的绑定

用尼龙绳牢固栓系右后腿，倒提悬挂在保定架上。助手帮助固定左腿及身躯，防止因羊只挣扎而影响施术者操作。图 1。

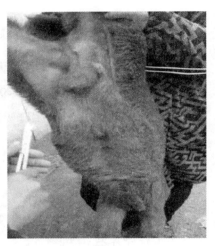

图 1

3. 手术方法及步骤

（1）确定手术部位：腹白线左侧距耻骨联合约 10 厘米处。

（2）局部剪毛、碘酊消毒、酒精脱碘、施行皮下普鲁卡因局麻。图 2。

（3）依次切开皮肤、皮下肌层，小心切开腹膜。切口大小约 2 厘米，充分止血。

图 2

（4）找到膀胱，借助止血钳拉出，16~20 号针头穿刺膀胱排出大部分尿液。分别使用 2 根缝合线将膀胱缝合固定于切口左右侧腹壁上。图 3。

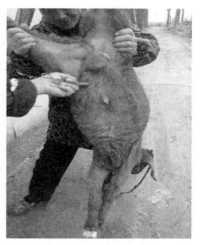

图 3

（5）切开膀胱，切口大小 1.0~1.5 厘米，进一步排出膀胱里的积尿、结石。

（6）缝合：①先将膀胱切口周围与对应位置的腹膜结节缝合固定。②外翻结节缝合膀胱腹膜与皮肤。

（7）检查膀胱切口处是否内外通畅（应有约小手指粗细的人造尿道口，防止以后有结石堵塞）。

（8）切口涂布碘酊，解除保定。检查清点手术物品。

（9）术后护理：肌注青霉素，一天1~2 次，连用 2~3 天。采食饮水不限。

（10）说明：绝大部分患羊通过上述处理，即能正常生活生长，无明显后遗症。有 2%~3% 的患羊经过一段时间的生长后，人造尿道口因肉芽过度生长而闭合，这时使用钝性物体（如筷子、手指）对准切口处捅开，使能够顺利排尿即可。

2. 异食癖

（1）原因：长期营养不足，积累造成；矿物质不足或配比不平衡；维生素不足；胃肠道有寄生虫。

（2）防治：喂给全价饲料，补充矿物质维生素，添加舔砖。

3. 白肌病

近年来养殖方式发生了很大的变化，放牧养殖转化为舍饲养殖，加之品种改良后的肉羊生长速度快，对微量元素硒的需要量增大，由于硒缺乏而导致的白肌病数量越来越多。

（1）诊断要点：患羊开始主要症状为拉稀，粪便呈灰白色、黄色，食欲减退。经抗生素治疗，有所好转，2~6 天治愈，但隔 1~2 周又出现拉稀；

有的体温升高 1℃~2℃，有的正常，继续用抗生素治疗，效果不佳。再经 1~2 周，病羔精神沉郁，体温升高 2℃~3℃，腹围增大。腹部穿刺有大量腹水排出。肝区压有痛感。腹水放出后，症状有所缓解，但往往因不对因治疗而死亡。呼吸急促，心律不齐，心音不清。病羊不时地磨牙，舔土，啃毛。病后期，食欲废绝，反刍停止，头偏向一侧，口吐白沫，呈昏睡状，最后死亡。剖检可见肌肉切面干燥，呈鱼肉样外观，个别病例变性坏死的肌纤维发生机化，剖面呈线条状，肌肉苍白，质地松软，切面有液汁渗出。腹腔内有大量的腹水，肝脏肿大、硬化，肝实质呈大理石样变化。胃内食物滞留并恶臭，幽门口有玻璃球大的毛球，消化道未见有广泛的出血。

（2）防治措施：预防本病的主要措施是母羊怀孕期间在饲料里面添加亚硒酸钠粉和高效乳酸钙粉，或者在羔羊出生后 1 周内肌肉注射 0.1%亚硒酸钠维生素 E 注射液 1 毫升/只。发病后患羔肌肉注射 0.1%亚硒酸钠维生素E 注射液 1.0~1.5 毫升/只。严重的可重复注射 1 次，但要严格掌握剂量，以防中毒。口服葡萄糖酸钙 10~20 毫升/只，1 日 2 次，连用 1 周。

（十）羊的保定技术

1. 站立保定

（1）适用范围：适用于临床检查、治疗和注射疫苗等。

（2）操作方法：两手握住羊的两角或耳朵，骑跨羊身，以大腿内侧夹持羊两侧胸壁即可保定。

2. 倒卧保定

（1）适用范围：适用于治疗、简单手术和注射疫苗等。

（2）操作方法：保定者俯身从对侧一手抓住两前肢系部或抓一前肢臂部，另一手抓住腹肋部膝前皱襞处扳倒羊体，然后改抓两后肢系部，前后一起按住即可。

（十一）观察病羊的 8 种方法

1. 看动态

一般正常的羊不论采食或休息，常聚集在一起，人一接近即行起立。而病羊食欲、反刍减少，常常掉群卧地，出现各种异常姿势。

2. 听声音

健康羊发出洪亮而有节奏的叫声。病羊叫声高低常有变化，不用听诊器可听见呼吸声及咳嗽声、肠音。

3. 看反刍

无病的羊每次采食 30 分钟后开始反刍 30~40 分钟，一昼夜反刍 6~8 次。病羊反刍减少或停止。

4. 看羊眼

健康羊眼珠灵活，明亮有神，洁净湿润。病羊眼睛无神，两眼下垂，反应迟缓。

5. 看羊耳

无病羊双耳常竖立而灵活。病羊头低耳垂，耳不摇动。

6. 看羊舌头

健康羊的舌头呈粉红色且有光泽、转动灵活，舌苔正常。病羊舌头活动不灵、软绵无力、舌苔薄而白。

7. 看口腔

无病羊口腔黏膜为淡红色，无恶臭味。病羊口腔时冷时热，黏膜淡白流涎或潮红干涩，有恶臭味。

8. 看大小便

无病羊粪呈小球状而比较干硬，无异味；小便清亮无色或微带黄色。病羊大小便无度，大便或稀或硬，甚至停止，小便黄或带血。

六、鸡病

（一）新城疫

1. 诊断要点

以散发或地方性流行为主，病鸡表现出食欲不振，气喘，拉白色、绿色或红色稀粪，鸡冠发紫，如不及时治疗，可引起死亡。

2. 防治措施

按照免疫程序按时注射疫苗可预防本病，发病后治疗用强力银翘片、连花清瘟胶囊等。

3. 鸡新城疫常用疫苗使用方法

（1）免疫程序

①种鸡、蛋鸡

初免：7 日龄，新城疫–传支（H120）二联苗每只鸡滴鼻 1~2 滴，同时新城疫灭活苗每只鸡颈部皮下注射 0.3 毫升。

二免：60 日龄，用新城疫 I 系弱毒活疫苗或新城疫灭活苗肌肉注射。

加强免疫：120 日龄，新城疫灭活苗每只鸡颈部皮下注射 0.5 毫升。开产后，根据免疫抗体检测情况，3~4 个月用新城疫 IV 系弱毒活疫苗饮水免疫一次。

②肉鸡

7~10 日龄，新城疫—传支（H120）二联苗每只鸡滴鼻 1~2 滴，同时新城疫灭活苗每只鸡颈部皮下注射 0.3 毫升。

（2）常用疫苗选择及使用

a. 鸡新城疫低毒力活疫苗（包括 HB1 株、Lasota 株、Lasota–Clone–30株等疫苗）

作用与用途：用于预防鸡新城疫。对各种日龄鸡均可使用。免疫后 7~9日即产生免疫力，免疫有效期根据鸡体本身的免疫状态和日龄而不同。冻干疫苗为微黄色海绵状疏松团块，冻干疫苗在–15℃以下保存，有效期 2 年。

用法与用量：滴鼻、点眼、饮水或气雾免疫均可。按瓶签注明羽份，用灭菌生理盐水稀释。滴鼻或点眼免疫，每只 0.05 毫升（1~2 滴）；饮水或喷雾免疫，剂量加倍。

注意事项：

①在有鸡支原体感染等呼吸道疾病的鸡群，禁用喷雾免疫。

②疫苗稀释后，应放于冷暗处，必须在 4 小时内用完。

b. 鸡新城疫灭活疫苗

颈部皮下注射。14 日龄以内雏鸡 0.2 毫升，同时以 Lasota 株或 II 系等弱毒疫苗按瓶签注明的羽份稀释滴鼻或滴眼（也可用 II 系气雾免疫）。肉鸡用上述方法免疫 1 次即可。

60 日龄以上鸡，注射 0.5 毫升，免疫有效期可达 10 个月。

用弱毒活疫苗免疫过的母鸡，在开产前 14~21 日注射 0.5 毫升灭活疫苗，可保护整个产蛋期。为乳白色乳剂，2℃~8℃保存，有效期 1 年。

c. 鸡新城疫、鸡传染性支气管炎二联活疫苗

HB1+H120 二联疫苗，适用 1 日龄以上的鸡；Lasota+H120 二联疫苗，适用于 7 日龄以上的鸡；Lasota（或 HB1）+H52 二联疫苗，适用于21 日龄以上的鸡。本品为微黄或微红色海绵状疏松团块，−15℃以下保存，有效期为 12 个月。

滴鼻免疫，每只鸡，滴鼻 1 滴（0.05 毫升）。

饮水免疫，剂量加倍，其饮水量根据鸡龄大小及天气状况而定。一般 5~10 日龄，每只 5~10 毫升；20~30 日龄，每只 10~20 毫升；成鸡，每只 20~30 毫升。

用法与用量：按瓶签注明的羽份用生理盐水或蒸馏水稀释，滴鼻或饮水免疫。

注意事项：

①苗稀释后，应放于冷暗处，必须在 4 小时内用完。

②饮水免疫，忌用金属容器，饮水前至少停水 4 小时。

d. 鸡新城疫、传染性法氏囊病二联灭活疫苗

作用与用途：用于预防鸡新城疫和传染性法氏囊病。雏鸡免疫期为 100 日左右；成年鸡，新城疫免疫期为 1 年，传染性法氏囊病为 6~8 个月。为乳白色略带黏滞性的乳状液，2℃~8℃保存，有效期 6 个月。

用法与用量：颈背部皮下注射。60 日龄以内的鸡，每只 0.5 毫升；开产前的种鸡（120 日龄左右），每只 1 毫升。

注意事项：

①雏鸡免疫接种前后必须严格隔离饲养，降低饲养密度，尽量避免粪便污染饮水与饲料。

②疫苗使用时应将疫苗预温至室温，并将疫苗充分振摇均匀。

③疫苗不能冻结。

e. 鸡传染性鼻炎、鸡新城疫二联灭活疫苗

作用与用途：用于预防鸡传染性鼻炎和鸡新城疫。注射疫苗后 14~21 日产生免疫力。1 次注射的免疫期为 3~5 个月；若 21 日龄首免，120 日龄再免，免疫期为 9 个月。为白色乳状液，2℃~8℃保存，有效期 1 年。

用法与用量：颈部皮下注射。21~42 日龄的鸡，每只 0.25 毫升；42 日龄以上的鸡，每只 0.5 毫升。

（二）鸡传染性支气管炎

一种急性高度传染性的呼吸道疾病。本病的死亡率可能不高，但种鸡引起产蛋量降低，蛋的品质下降，小鸡生长发育不良，饲料利用率降低，会造成重大的经济损失。

1. 诊断要点

病鸡突然出现呼吸症状，迅速波及全群，表现为张口呼吸，咳嗽，喷嚏，呼吸发生特殊的喘鸣音，如病症不严重时，仅见鸡群精神稍差，食欲略减少，可能会被忽视，但夜间能听到明显的特殊喘鸣音，随病情发展，病鸡全身衰弱，羽毛松乱，采食量迅速减少，鼻窦肿胀，流鼻涕和眼泪，逐渐消瘦，病程可长达 1~6 周。

2. 防治措施

预防本病的常用弱毒疫苗有两种，一种是传染性支气管炎 H120 弱毒疫苗，主要用于 1~2 月龄雏鸡，常在 1~5 日龄与新城疫Ⅱ系同时接种；另一种是传染性支气管炎 H50 弱毒疫苗，用于 1 月龄以上的鸡群。新近有的部门生产了"肾病变型"弱毒疫苗。后备种鸡最好在活苗免疫的基础上，10~14 日龄用油佐剂灭活苗加强免疫。治疗本病用中药效果较好。

麻黄 30 克、杏仁 45 克、石膏 60 克、二花 30 克、贝母 18 克、射干 30 克、牛籽 30 克、板蓝根 60 克、贯众 60 克、甘草 30 克。此剂量可供 1 千克重的鸡 500 只一日用，水煎饮服。

（三）鸡传染性鼻炎

本病是由副鸡嗜血杆菌所引起鸡的急性呼吸系统疾病。主要症状为

鼻腔与窦发炎，流鼻涕，脸部肿胀和打喷嚏。

1. 诊断要点

病鸡头部发烧，肉髯肿大发紫，鼻塞难以通气，用手挤鼻孔有鼻涕流出，眼睛肿大难以睁开，眼内有瘀肉长出，咽喉部肿大，口内有黏液，脸部肿大。

剖解可见咽喉部肿胀充血，鼻腔内有大量黏液，内脏未发现其他异常。

2. 防治措施

进行免疫接种是预防本病的主要措施。治疗用 2~3 种磺胺类药物组成的联磺制剂，能取得较明显效果。红霉素、土霉素及喹诺酮类药物也是常用治疗药物。也可用中药治疗：桔梗、甘草、荆芥、薄荷、牛蒡子、浙贝母、柴胡、丹皮、黄芩、黄连、玄参、连翘、板蓝根、升麻、辛夷花、苍耳子、二花、鱼腥草各等分，根据鸡群大小用药，水煎饮服。

（四）鸡传染性法氏囊病

鸡传染性法氏囊病又称甘波罗病，是传染性法氏囊病毒引起的一种急性、高度传染性疾病。由于该病发病突然、病程短、死亡率高，且可引起鸡体免疫抑制，目前仍然是养鸡业的主要传染病之一。

1. 诊断要点

本病仅发生于 2~15 周的小鸡，3~6 周龄为发病高峰期。雏鸡群突然大批发病，2~3 天内可波及 60%~70% 的鸡，发病后 3~4 天死亡达到高峰，7~8 天后死亡停止。病初精神沉郁，采食量减少，饮水增多，有些自啄肛门，排白色水样稀粪，重者脱水，卧地不起，极度虚弱，最后死亡。耐过雏鸡贫血消瘦，生长缓慢。剖检可见：法氏囊发生特征性病变，法氏囊呈黄色胶冻样水肿、质硬、黏膜上覆盖有奶油色纤维素性渗出物。有时法氏囊黏膜严重发炎、出血、坏死、萎缩。另外，病死鸡表现脱水，腿和胸部肌肉常有出血，颜色暗红。肾肿胀，肾小管和输尿管充满白色尿酸盐。脾脏及腺胃和肌胃交界处黏膜出血。

2. 防治措施

预防接种是预防鸡传染性法氏囊病的一种有效措施。发病后可用以下方案治疗：

方案一：盐酸吗啉胍（每片 0.1 克）8 片，拌料 1 千克，板蓝根冲剂 15 克，溶于饮水中。供半日饮用，以上为 20~25 羽鸡一日量，3 天为一疗程。

方案二：中药治疗，方药，蒲公英 200 克、大青叶 200 克、板蓝根 200 克、双花 100 克、黄芩 100 克、黄柏 100 克、甘草 100 克、藿香 50 克、生石膏 50 克。水煎 2 次，合并药汁得 3000~5000 毫升，为 300~500 羽鸡一天用量，每日一剂，每鸡每天 5~10 毫升，分 4 次灌服。连用 3~4 天。

为提高治疗效果，在选用以上治疗方法的同时，应给予辅助治疗和一些特殊管理。如给予口服补液盐，每百克加水 6000 毫升溶化，让鸡自由饮用 3 天，可以缓解鸡群脱水及电解质平衡问题；或以 0.1%~1% 小苏打水饮用 3 天，可以保护肾脏；如有细菌感染，投服对症的抗菌素，但不能用磺胺类药物；降低饲料中蛋白质含量到 15% 左右，维持一周，可以保护肾脏，防止尿酸盐沉积。

（五）鸡心包积液综合征（安格拉病）

一种以发病率高、心包积液及多病灶性肝坏死为特征的急性传染性疾病。

1. 诊断要点

发育良好的鸡群突然发病，出现死亡，群体精神沉郁，食欲减退，采食量下降 50% 左右。病鸡不愿活动，羽毛蓬乱，鸡冠苍白，呼吸困难，排泄黄绿色稀粪。病鸡病理剖检变化主要表现为心包腔内有大量的淡黄色液体。心脏肿大松软，心肌松弛，肝脏肿大，有灰白色坏死灶，肺水肿，肾肿大、质脆，法氏囊萎缩，此外个别病例可见全身性瘀血。

2. 防治措施

预防本病要加强饲养管理及环境消毒，提高舍温 2℃~3℃。治疗本病可用中药。

柴胡 9 克、枳壳 9 克、龙胆草 9 克、黄芩 6 克、茯苓 15 克、白术 12 克、桂枝 9 克、泽泻 9 克、葶苈子 9 克、丹参 9 克、当归 9 克、板蓝根 24 克、白花蛇舌草 18 克、薏米仁 30 克、甘草 12 克、生地 30 克、车前子 10

克、茵陈 30 克。

水煎饮服，每日一剂，连用 3~5 日。

此剂量饮服 1 千克重鸡 50 只，若每只鸡重 500 克，则饮 100 只，若每只鸡重 250 克，则饮 200 只。

（六）鸡的寄生虫病

1. 鸡球虫病

（1）诊断要点：多发生于 14~40 日龄雏鸡。鸡感染球虫卵囊后，病初精神不佳，羽毛耸立，头蜷缩，常在雏鸡笼中站立一侧，泄殖腔周围的羽毛被液状排泄物污染。严重时出现共济失调，渴欲增加，食欲废绝，嗉囊内充满液体，鸡冠和可视黏膜苍白、贫血，粪便表面有鲜血覆盖。雏鸡死亡率较高，如不及时治疗，雏鸡死亡率最高可达 40% 以上，育成鸡和产蛋鸡发病后死亡率较低，但产蛋鸡产蛋量下降。

（2）防治措施：球痢灵。每百克兑水 200 千克，连用 3 天。可用复方新霉素控制继发感染，每百克兑水 200 千克，连用 3 天。

2. 鸡绦虫病

（1）诊断要点：本病在 9~12 月份多发，80~400 日龄的鸡均有发生。

（2）防治措施：首选药物是吡喹酮。按 10~15 毫克/千克体重给药。治疗时上午正常喂料，停料 3 小时左右，正常饮水，之后用正常饲料量的 70% 将药物均匀拌入，一次投服。用丙硫苯咪唑按 20 毫克/千克体重的剂量拌料，每天 1 次，连用 3 天，也可达到驱虫效果。

3. 蛔虫

（1）诊断要点：可感染鸡、鸭、鹅等禽，该病是危害养鸡业的重要疾病之一。一般 8~10 日龄的雏鸡及幼鸡最易感染，60~90 日龄的鸡发病严重，发病率高，并易发生大批死亡。

（2）防治措施：按 10~20 毫克/千克体重口服盐酸左旋咪唑片，或将其制成粉剂拌入饲料中饲喂，连用 6 天，病情可基本得到控制。

（七）肉鸡腹水综合征

是一种由多种致病因子共同作用引起的以右心肥大扩张和腹腔内积

聚大量浆液性淡黄色液体为特征，并伴有明显的心、肺、肝等内脏器官病理性损伤的非传染性疾病。

1. 诊断要点

肉鸡腹部膨隆，触摸有波动感，腹部皮肤变薄发亮，严重的发红。剖开腹部，从腹腔中流出淡黄色或清亮透明的液体，有的混有纤维素沉积物；心脏肿大、变形、柔软，尤其右心房扩张显著。右心肌变薄，心肌色淡并带有白色条纹，心腔有大量凝血块，肺动脉和主动脉极度扩张，管腔内充满血液。部分鸡心包有淡黄色液体；肝脏肿大或萎缩、质硬，瘀血、出血，胆囊肿大，突出肝表面，内充满胆汁；肺瘀血、水肿，呈花斑状，质地稍坚韧，间质有灰白色条纹，切面流出带有小气泡的血样液体；脾呈暗红色，切面脾小体结构不清；肾稍肿，瘀血、出血。脑膜血管怒张、充血；胃稍肿、瘀血、出血；肠系膜及浆膜充血，肠黏膜有少量出血，肠壁水肿增厚。

2. 防治措施

肉鸡腹水综合征的发生是多种因素共同作用的结果。故在 2 周龄前必须从卫生、营养状况、饲养管理、减少应激和疾病以及采取有效的生产方式等各方面入手，采取综合性防治措施。

（1）预防：加强鸡舍的环境管理，解决好通风和控温的矛盾，保持舍内空气新鲜，氧气充足，减少有害气体，合理控制光照；低能量和蛋白质水平，早期进行合理限饲，适当控制肉鸡的生长速度；饲料中 VE 和 Se 的含量要满足营养标准或略高，可在饲料中按 0.5 克/千克的比例添加 VC，以提高鸡的抗病、抗应激能力。

（2）治疗：西医治疗用综合措施，用 12 号针头刺入病鸡腹腔，先抽出腹水，然后注入青链霉素各 2 万国际单位，经 2~4 次治疗后可使部分病鸡恢复基础代谢，维持生命；发现病鸡首先使其服用大黄苏打片（20 日龄雏鸡 1 片/只·日，其他日龄的鸡酌情处理），以清除胃肠道内容物，然后喂服 VC 和抗生素。以对症治疗和预防继发感染；给病鸡皮下注射 1 次或 2 次 1 克/升亚硒酸钠 0.1 毫升，或服用利尿剂。

中药治疗：云苓 50 克、二丑 50 克、泽泻 50 克、木通 50 克、苍术 50 克、猪苓 30 克、淡竹叶 20 克、赤小豆 50 克。

此剂量可供 1 千克重的鸡 500 只一日用。

（八）肉鸽的防疫技术

肉鸽养殖以笼养为主，笼舍内氨气、二氧化碳、硫化氢等有害气体浓度过高，容易诱发肉鸽呼吸道和肠疾病等，因此，平时注意搞好舍内外的卫生，保持鸽舍安静和干燥、清洁。肉鸽的巢窝由于排粪多，很容易污染，因此应多准备一些干净的报纸、麻布、垫料等及时更换。对鸽笼、用具及鸽舍内应经常用强力消毒灵、戊二醛消毒液等消毒。在鸽场的门口及鸽舍的门口设置消毒池。每天早晚要检查鸽群（也可在饲喂时同步进行），重点看肉鸽的表现和粪便，一旦出现病鸽，及时隔离诊断，对症治疗。

肉鸽常用的疫苗有鸽瘟、鸽痘、禽流感、新城疫等多种，但主要用的疫苗是禽流感和新城疫。禽流感疫苗 2 周龄时首次免疫，颈部皮下注射 0.3 毫升/只，6 周龄和开产前各肌肉注射 1 次，0.5 毫升/只。鸡新城疫疫苗滴鼻，按计量稀释 4~6 倍后，每只 2~4 滴；留种鸽 1 月龄离巢时，用相同的办法再接种一次。疫苗也可以饮水免疫，但要根据使用说明书算好剂量，而且要保证每只鸽子都能饮到疫苗。以后对种鸽再每年春、秋两季各免疫注射 1 次。

肉鸽疾病可参考鸡的疾病。

七、马属动物病

（一）马流感

本病是马、骡、驴的一种急性、热性传染病。病原为马流感病毒。

1. 诊断要点

突然高热，手摸耳尖感到发烫，精神萎顿，食欲减退甚至废绝，结膜潮红肿胀，怕光、流泪、咳嗽，有鼻液。呼吸心跳加快。重病例颌下淋巴结肿胀，四肢可能发生浮肿。有的病例可发生肺炎。

2. 防治措施

本病发生后，场地严格消毒，立即隔离病畜至温暖、空气新鲜的地方，给予易消化饲料，并按以下方案治疗。

方案一：板蓝根注射液+黄芪多糖+头孢肌肉或静脉注射。连用1~3天。

方案二：若食欲废绝，可灌服中药，荆芥30克、防风30克、白芷15克、薄荷20克、陈皮30克、青皮30克、苍术30克、柴胡30克、厚朴30克、川芎20克、槟榔15克、香附子30克、枳壳30克、神曲30克、山楂30克、炒莱菔30克、石蜡油500毫升。研末灌服。

（二）驴胸疫

驴胸疫是马属动物的一种急性传染病，多为直接或间接接触传染，发病多为1岁以上的驴驹，本病多因驴舍潮湿、寒冷、通风不良、阳光不足及驴多拥挤造成。

1. 诊断要点

本病潜伏期一般为10~60天，根据临床表现分为典型和非典型胸疫，其中非典型胸疫较为多见，表现为一过型，病驴突然发热，体温达39℃~41℃，病驴精神沉郁，食欲减退，呼吸、脉搏增加。呼吸道和消化道出现轻微炎症，咳嗽，流少样鼻涕，肺泡音增强，有的出现啰音。及时治疗，经2~3天，很快恢复。

2. 防治措施

平时要加强饲养管理，严格遵守卫生制度，特别是冬春季节要补料，给予充足的饮水，以提高驴的抵抗力。注意圈舍干燥，通风良好。发现病驴及时隔离治疗。

静脉注射：青霉素2400万单位，安痛定10~20毫升，0.9%盐水500毫升，上午一次。

肌肉注射：青霉素160万单位，下午一次。连用3~5日。

（三）马腺疫

马腺疫是马、骡、驴的一种急件传染病，3岁以下幼驹多发，临床症状是以下颌淋巴结急性化脓性炎症、鼻腔流出脓液为特征。病驴康复后可终生免疫，以后不得此病。病原是马腺疫链球菌，链球菌随脓肿破溃和病驴喷鼻、咳嗽排出体外，污染空气、草料、水等，经上呼吸道黏膜、扁桃体或消化道感染健康驴。

1. 诊断要点

本病常分三种类型：

（1）顿挫型：鼻、咽黏膜呈轻度发炎，下颌淋巴结不肿胀或稍肿胀，有中度增温后很快自愈。

（2）良性型：病初体温升高至40℃~41℃，精神沉郁，食欲不振或废绝，鼻咽黏膜发炎，咳嗽，下颌淋巴结肿大，热而疼痛。因咽部发炎疼痛，常头颈伸直，吞咽和转头困难。数日后淋巴结变软，破溃后流出黄白色黏稠脓液，此时体温恢复正常，其他症状也随之消失。

（3）恶性型：链球菌经淋巴结、淋巴管、血液侵害或转移到其他淋巴结或脏器，引起全身性化脓性炎症时称恶性腺疫，常侵害咽喉、颈前、肩前、肺门及肠系膜淋巴结，甚至转移到肺和脑等脏器，由于侵害部位不同，甚至危害和症状也有差异。此型转归多不良。

2. 防治措施

局部治疗时可于肿胀部涂10%碘酊，20%鱼石脂软膏，促使肿胀迅速化脓破溃。如已化脓，肿胀部位变软应立即切开排脓，并用1%新洁尔灭液或1%高锰酸钾水彻底冲洗，发现肿胀严重压迫气管引起呼吸困难时，除及时切开排脓外，可行气管切开术使呼吸通畅。若病后有体温升高时，应采取全身疗法即肌内注射青霉素120万单位，每天3次，病情严重的首次可静脉注射，也可口服磺胺噻唑30~50克，另外可静脉注射碘化钙、氯化钙或葡萄糖酸钙。若采食、饮水少者还应输液，内加维生素C 20毫升。治疗期间要给予富于营养、适口性好的青绿饲料和清洁的饮水。

（四）食道梗塞

食道梗塞即食道被草料或异物所阻塞。

病因：采食过急、吞咽过猛或采食时突然受到惊扰或采食大块块根、块茎饲料（萝卜、马铃薯、山芋）等均可导致食道梗塞。

症状：驴突然停止采食，骚动不安，并不断地做吞咽动作，口流大量唾沫，有时从鼻孔流出。伴有咳嗽，阻塞前部食道，充满液体，如为颈部阻塞，可摸到阻塞物。

预防：饲喂驴时定时定量，饲料经适当加工调制可防止本病的发生。

治疗：除去阻塞物即可治愈本病。可采用下列方法：在摸到阻塞物的情况下，向上挤压并牵动驴舌，即可排出阻塞物；先灌入少量油类，然后皮下注射盐酸毛果芸香碱 3~4 毫升；也可使驴头部下垂，将缰绳系于一前肢下部，驱赶运动，促使阻塞物下移。

（五）咳喘

本病是骡、马、驴的常见疾病，每年春季，许多骡马都会不同程度的发生。

1. 诊断要点

一般春季多发，骡马咳嗽、气喘，呼吸困难，严重者腹式呼吸，鼻内流出清涕。听诊肺部有啰音。

2. 防治措施

本病的预防在于平时加强饲养管理，立春后灌服清肺散，使役时不要太过分。发病后治疗方案如下：

方案一：肌注林可霉素。

方案二：灌服中药，马兜铃 20 克、杏仁 15 克、麻黄 15 克、地龙 30 克、贝母 20 克、丹参 30 克、厚朴 30 克、苏子 30 克、桑皮 20 克、白果 15 克、葶苈子 30 克、莱菔子 30 克、冬花 30 克、瓜蒌 30 克、枳壳 30 克、知母 30 克。研末灌服，每日一剂。

（六）结症

结症是骡、马、驴的常见病，饲养管理不善，使役不当，天气突变，慢性胃肠炎等其他疾病都可引起。

1. 诊断要点

口内干燥，口色红，舌头干燥有黄苔，眼结膜潮红，食欲废绝，粪尿排出减少，听诊肠音微弱，甚至消失，有腹痛表现，有时肠鼓气。

2. 防治措施

本病预防主要靠平时加强饲养管理，不要过度使役，发病后按以下方案治疗：

方案一：若有肠鼓气要先穿刺放气，然后直接用手掏。

方案二：先用安乃近2支，安钠加1支肌注，再灌服中药，大黄30克、厚朴40克、当归50克、炒莱菔子40克、枳实30克、香附子30克、苏子80克、玉片子30克、人工盐150克、硫酸钠300克、石蜡油500毫升。研末灌服。

方案三：用香皂水灌肠。

（七）骡马冷疼

本病主要是由于寒冷刺激肠道，引起肠道短时的、急性的痉挛性收缩，呈现疝疼症状。发病原因很多，天气突然变冷，使役后趁热过饮冷水，被雨淋湿等都可引起。

1. 诊断要点

常于食后1~3小时突然发病，最初有短时间的剧烈腹疼，回头看腹，起卧打滚，不久即转为间歇性；耳鼻俱凉，口色青白，舌面滑润或流口水；肠音响亮，粪中带水或拉稀。

2. 防治措施

本病预防主要靠平时加强饲养管理，避免受寒或感冒，不给冰冻饮水和草料。发病后治疗方案如下。

方案一：肌注安乃近注射液。

方案二：灌服温中散寒、健脾暖胃的中药，每日一剂，枳壳30克、白芷15克、青皮20克、陈皮25克、厚朴25克、当归30克、木通15克、槟榔12克、细辛6克、肉桂20克、砂仁20克、益智仁20克、小茴香20克、焦三仙各30克。研末灌服。

（八）卵巢机能不全

1. 病因

卵巢机能暂时受到扰乱，处于静止状态，不出现周期性活动。常见于子宫疾病、全身严重疾病，以及饲养、管理和使用不当（比如长期饥饿、过劳等）。气候突变或对当地气候不适应，也可发生本病。

2. 症状

发情周期延长或不发情。直肠检查，可见卵巢的形状和质地没有明显的变化，摸不到卵泡和黄体。

3. 治疗

先应根据实际情况，消除病因。药物治疗可选择促卵泡素（FSH）200~300 单位，隔日 1 次肌肉注射，连续用药 2~3 次，后作直肠检查观察卵巢是否有卵泡发育。

（九）子宫内膜炎

1. 病因

分娩时或产后或在日常生产中，子宫感染微生物，也可继发于沙门氏菌病、媾疫、支原体等疾病。

2. 症状

病畜努责时从阴门内排出少量黏性或脓性分泌物。严重者分泌物呈红色、恶臭，卧下时排出物增多。若治疗不当可转为慢性子宫内膜炎，出现不发情或虽发情但屡配不孕。直检子宫角稍变粗，子宫壁增厚，弹性弱。阴道检查，有少量絮状或浑浊黏液。

3. 治疗

以子宫冲洗效果较好。用一胶管插至子宫前下部，管外端接容器，用温生理盐水（严重者第一次可月浓盐水）2升，待容器内液体快流完时，迅速把胶管外端放低，虹吸作用使子宫内液体排出，反复 2~3 次。洗净后放尽冲洗液，子宫内放置少许抗生素。隔日 1 次，连作 2~3 次。也可灌服中药（方药见牛病）。

（十）湿疹

圈舍内过于潮湿时容易引发驴骡患湿疹，颈、背、腹部易患。

1. 症状

病初患部可见米粒大至粟粒大的小丘疹，很快向周围发展，患部瘙痒，患病的驴骡表现焦躁不安，不停地啃咬或磨蹭患部，从而加重局部损伤和感染，导致患部褪毛。精神沉郁，食欲降低。

2. 治疗

方案一：对局部剪毛、清洗，除去痂皮后，涂敷抗生素油膏，同时用灭菌绷带包扎。

方案二：板蓝根 40 克、连翘 30 克、苦参 24 克、苍术 20 克、白鲜皮 20 克、大黄 30 克、黄柏 24 克、茵陈 30 克、茯苓 30 克、甘草 15 克、生地 30 克、萆薢 24 克、地肤子 40 克。灌服，每日一剂。

方案三：大青叶 60 克、石膏 120 克、滑石 120 克、黄柏 60 克、硫磺 20 克、陈石灰 40 克、樟脑 6 克、过氧化锌 20 克、消炎粉 5 包。高锰酸钾水清洗患部后将上 9 味药研极细末外敷。

（十一）马属动物的保定技术

1. 鼻捻棒保定

（1）适用范围。适用于一般检查、治疗和颈部肌肉注射等。

（2）操作方法。将鼻捻子的绳套套于一手（左手）上并夹于指间，另一手（右手）抓住笼头，持有绳套的手自鼻梁向下轻轻抚摸至上唇时，迅速有力地抓住马的上唇，此时手（右手）离开笼头，将绳套套于唇上，并迅速向一方捻转把柄，直至拧紧为止。

2. 耳夹子保定

（1）适用范围。适用于一般检查、治疗和颈部肌肉注射等。

（2）操作方法。先将一手放于马的耳后颈侧，然后迅速抓住马耳，持夹子的另一只手迅即将夹子放于耳根部并用力夹紧，此时应握紧耳夹，以免因马匹骚动、挣扎而使夹子脱手甩出，甚至伤人等。

3. 两后肢保定

（1）适用范围。适于马直肠检查或阴道检查、臀部肌肉注射等。

（2）操作方法。用一条长约 8 米的绳子，绳中段对折打一颈套，套于马颈基部，两端通过两前肢和两后肢之间，再分别向左右两侧返回交叉，使绳套落于系部，将绳端引回至颈套，系结固定之。

4. 柱栏内保定

（1）二柱栏内保定：

①适用范围：适用于临床检查、检蹄、装蹄及臀部肌肉注射等。

②操作方法：将马牵至柱栏左侧，缰绳系于横梁前端的铁环上，用另一绳将颈部系于前柱上，最后缠绕围绳及吊挂胸、腹绳。

（2）四柱栏及六柱栏内保定：

①适用范围：适用于一般临床检查、治疗、检疫等。

②操作方法：保定栏内应备有胸革、臀革（或用扁绳代替）、肩革（带）。先挂好胸革，将马从柱栏后方引进，并把缰绳系于某一前柱上，挂上臀革，最后压上肩革。

八、犬猫病

（一）犬瘟热

犬瘟热是由犬瘟热病毒引起的高度接触性、传染性、致死性传染病，病犬以双相热型、呼吸道和消化道急性卡他性炎症，以及中后期出现肌肉抽搐或瘫痪为特征。致死率高，幼犬致死率可达 80%以上。

1. 诊断要点

本病潜伏期 3~6 天。体温升高达 39.8℃~41℃，持续 1~2 天，接着有 2~3 天的缓解期（体温趋于 38.9℃~39.2℃）。随着体温再度升高，呼吸系统和消化系统感染症状明显，甚至神经系统感染。病初患犬精神轻度沉郁，食欲不振，流泪，有水样鼻液，时有咳嗽。之后，眼、鼻分泌物转为黏液性或脓性，喉气管及肺部听诊呼吸音粗粝。患犬大多表现特有的化脓性结膜炎外观：即脓性眼眵附着于内、外眼角与上下眼睑，眼角和眼睑周边脱毛、光秃，似戴一副眼镜状。常有呕吐表现，但次数不多，食欲减退或废绝。幼犬通常排出深咖啡色混有黏液或血液的稀便，而成犬一般数日无便。患犬因呕吐、腹泻以及食欲废绝，逐渐脱水、衰竭。神经症状多在发病中、后期，轻者口唇、眼睑、耳根抽动，重者踏脚、转圈或翻滚、运动共济失调、后肢麻痹，咬肌或侧卧时四肢反复有节律性的抽搐是本病的特征表现。部分患犬四肢足垫角质化过度、变硬，幼年患犬常在腹下和股内侧皮薄处出现米粒或豆粒大小的红斑、水疱或脓疱。使用抗生素治疗后，腹下和股内侧的脓性皮疹很快干枯消失。康复犬硬化的足垫角质层逐渐脱去。

2. 防治措施

预防：目前国产犬五联、六联或七联疫苗均可用来预防犬瘟热等常见多种疾病。五联（狂犬病、犬瘟热、细小病毒、传染性肝炎、副流感），六联加上冠状病毒，七联加上伪狂犬病毒。推荐的免疫程序为：幼犬于7~9 周龄时开始接种，然后以 2~3 周的间隔连续接种 2~3 次，以后每半年加强免疫 1 次。3 个月以上犬可注射两次。为防止幼犬感染传染病，可于母犬配种 45 天左右加免一次。

治疗：病初尽快注射犬瘟热单克隆抗体或抗犬瘟热高免血清，剂量一般应大于 1~2 毫升/千克体重，连用 2~3 天。为抑制病毒增殖和控制细菌继发感染，常应用病毒唑、双黄连、清开灵、林可霉素、头孢菌素 V 或头孢曲松等。对发热患犬，应用安痛定或复方氨基比林，并配合应用氢化可的松或地塞米松。有便血症状的，可应用安络血或止血敏。早期输液和配合应用犬干扰素、细胞因子等免疫增强剂，能有效防止机体脱水，提高抗病力，促进患犬康复。

（二）犬细小病毒性肠炎

犬细小病毒性肠炎是由犬细小病毒引起的，目前国内仅次于犬瘟热的致死率很高的传染病，以频繁呕吐、出血性腹泻和迅速脱水为突出特征。感染幼犬的死亡率高达 50%~100%。

1. 主要症状

病初首先表现呕吐，一般先呕出胃内未消化食物，随后呕吐物多为清水或黏液，往往含有黄绿色胆汁。同时食欲废绝，饮欲强烈，饮后立即呕吐，体温高达 40℃左右。频繁呕吐 1~2 天后出现腹泻，粪便由软到稀，而后带血，呈番茄汁样血便，有特殊腥臭味，可迅速弥漫整个临诊空间。胃肠炎症状出现 24~48 小时后迅速脱水和体重减轻，眼球凹陷，皮肤弹性减退，衰弱无力。

2. 防治措施

预防：安全地区的犬只，可于 10~12 周龄使用国产疫苗首次免疫，受细小病毒威胁的疫区或缺乏母源抗体的幼犬应提前到 6~8 周龄首免，均以 2~3 周的间隔连续免疫 3 次。荷兰英特威国际有限公司的犬瘟热和犬细小病毒二联苗效果较好，免疫保护力强。

治疗：病初尽快注射犬细小病毒单克隆抗体或含抗犬细小病毒抗体的高免血清，同时针对出血性胃肠炎与脱水症状，采取强心补液、抗菌消炎、止吐、止泻和止血对症治疗。通常静脉滴注 5%葡萄糖氯化钠溶液或复方氯化钠溶液，加入适当剂量的病毒唑、庆大霉素或丁胺卡那、止血敏、维生素 K、硫酸阿托品或盐酸 654-2。对顽固性呕吐的患犬，建议肌注爱茂尔、氯丙嗪或硫酸阿托品止吐，并可 1 天内用药多次。胃复安不宜用于本病止吐，其促进胃肠争相蠕动的药理效应往往造成肠道大量出血。动物禁食、禁水。

（三）犬传染性肝炎

犬传染性肝炎是由 I 型腺病毒引起犬的一种急性高度接触性传染性败血性疾病，以出血性胃肠炎、循环障碍、肝小叶中心坏死以及肝实质和内皮细胞出现核内包涵体为特征。

1. 主要症状

潜伏期 6~9 天，某些急性幼犬病初体温升高，精神高度沉郁，通常未出现其他症状便于 1~2 日内死亡。多数患犬病初似急性感冒，体温升高，精神沉郁，食欲废绝，眼、鼻有少许浆液或黏液性分泌物，但无咳嗽症状。呕吐、排果酱样粪便或血性腹泻，齿龈上有出血点或出血斑。不少患犬腹部膨大，胸腹腔穿刺可排出清凉、淡红色液体，触摸剑状软骨部位，敏感疼痛。部分患犬一眼或两眼角膜在疾病恢复期混浊，似被淡蓝色薄膜覆盖，称为"肝炎性蓝眼"，数天后角膜转为透明。对死亡患犬剖检，一般可见肝脏略肿大，胆囊壁水肿，小肠出血，胸腹腔内积有清亮、浅红色液体。

2. 防治措施

预防：由于康复犬可经尿液长期排毒，所以应避免将其与健康犬合群饲养。对易感犬群，可选用国产或进口犬系列疫苗免疫注射，方法参见犬瘟热的预防。

治疗：早期大剂量使用抗犬腺病毒 1 型或 2 型的高免血清，同时注重保肝和控制出血症状。保肝措施可试用肝炎灵（山豆根）注射液和肌苷注射液、VB_6 等。因本病导致肝内凝血因子合成不足，血小板显著减少，所以使用常规止血药往往没有效果，最好及时输血或输入血浆补充凝血因子与血小板，同时应用抗病毒药、抗菌药、止血药、维生素等进行治疗。

（四）犬冠状病毒感染

犬冠状病毒感染是一种急性胃肠道传染病，其临床特征为腹泻、呕吐。本病既可单独发生，又常与犬细小病毒混合感染，加剧了病程。

1. 主要症状

幼犬感染后症状重剧，病初出现持续数天的呕吐，直至出现腹泻后，呕吐症状才减轻或停止。腹泻粪便呈糊状、半糊状乃至水样，橙色或绿色，水样便中常含有黏液和血液。精神沉郁，喜卧，厌食，但体温不高。病犬迅速出现脱水症状，体重减轻，特别是幼犬治疗不及时，常于 1~2 天内死亡。成年犬症状轻微。

2. 防治措施

本病重在预防，可用国产六联或七联疫苗。特异性治疗采用血清，国产五联、六联血清。支持疗法维持电解质和酸碱平衡失调，同时应用广谱抗生素防止继发感染。

（五）犬副流感

犬副流感是由犬副流感病毒引起的一种主要表现为呼吸道症状的传染病。临床上以发热、流涕和咳嗽、卡他性鼻炎和支气管炎为特征。它为仔犬窝咳的病原之一，主要感染幼犬。

1. 诊断要点

主要表现为呼吸道卡他性炎症，咳嗽，起初流大量浆液，而后流黏液性、不透明鼻分泌物。

临床特征是发病急，传染快，往往在犬场中某一窝犬先发病而后在整个犬场中迅速传播，呈暴发流行。病犬干咳，浆液性或黏液性鼻漏，倦怠，精神不振。有的犬感染后表现后躯麻痹和运动失调等症状。本病如未并发或继发感染，一般预后较好，死亡率低。但病犬年龄小，治疗不当，易造成死亡。

剖检病变有死亡犬可见鼻孔周围有浆液性或黏液脓性鼻分泌物，结膜炎，扁桃体、气管、支气管和肺出现炎性变化，有时肺部有点状出血。神经型死亡犬可有急性脑脊髓炎和脑内积水等病变。

2. 防治措施

本病的预防主要是进行免疫接种，目前国内多使用含犬副流感弱毒疫苗的犬用六联弱毒疫苗和五联弱毒疫苗，一般幼犬在6~8周龄时进行首免，以2周为间隔，连续接种3次，可取得较好效果。由于本病主要通过空气经呼吸道传播，一旦发生即很快蔓延到整个犬群，难以控制。治疗主要是对症治疗和防止继发感染，对干咳的犬可用复方甘草合剂，止咳糖浆等，食欲差的犬可静脉输入等渗葡萄糖液，并注意补充ATP、辅酶A和维生素C\B族维生素；本病常继发感染支气管败血波氏杆菌、支原体，为防止继发感染，可选用先锋霉素、林可霉素、氨苄青霉素等；抗病毒感染可选用病毒唑等；提高抵抗力，可给予高免血清或静脉注射血清白蛋白。

（六）伪狂犬病

伪狂犬病是由伪狂犬病毒引起的，发生于多种家畜和野生动物，以发热、奇痒和脑脊髓炎为主要症状的一种疾病。因其症状与狂犬病有相似之处，曾被误认为狂犬病，后确诊为伪狂犬病。

1. 诊断要点

猪、牛、羊、犬、猫、鼠、兔以及貂、狐、熊等均可感染。猪和鼠类是自然界中病毒的主要贮存宿主，尤其是猪，它们既是原发感染动物，又是病毒的长期贮存和排毒者，是犬、猫和其他家畜发病的疫源动物。犬猫伪狂犬病主要发生在猪伪狂犬病的流行区，是由于吃了死亡于本病的鼠、猪和牛的尸体或肉而感染。

感染犬的典型症状表现为行为突然出现变化、肌肉痉挛、头部和四肢奇痒，疯狂啃咬痒部和嚎叫，下颚和咽部麻痹和流涎等。病势发展迅速，通常在症状出现后48小时内死亡，死亡率100%。

感染猫的潜伏期为1~9天。初期临床症状为不适、嗜睡、沉郁、不安、攻击行为、抗拒触摸，以后症状迅速发展、唾液过多、过分吞食、恶心、呕吐、无目的乱叫，疾病后期发生较严重的神经症状如感觉过敏、摩擦脸部，奇痒并导致自咬。典型症状多呈急性经过，多在36小时内死亡。非典型的猫伪狂犬病缺乏典型的奇痒症状。

2. 防治措施

主要控制猪伪狂犬病的流行，同时不要用生猪肉或加工不适当的感染猪肉饲喂犬、猫。另外还要注意灭鼠后妥善处理。该病一般不横向传播，而且人对该病毒不易感。

（七）猫泛白细胞减少症

猫泛白细胞减少症又名猫瘟或猫传染性肠炎，是猫及猫科动物的一种急性高度接触性、致死性传染病，以突发双相高热、剧烈呕吐及腹泻、血液白细胞显著减少为特征。幼猫感染后的死亡率极高。

1. 症状

潜伏期2~9天。分最急性、急性、亚急性和隐性4个类型，但临床主要为亚急性，表现本病的特征症状。

（1）双向热：病初体温高达40℃以上，约维持24小时降至常温，再经2~3天重新上升。

（2）消化系统症状：随着第 2 次发热，患猫频繁呕吐，初为无色黏液，后为含泡沫的黄绿色黏液；有的患猫腹泻，严重的粪中带血；由于呕吐和腹泻，迅速脱水。

（3）其他症状：患猫高度沉郁、衰弱、伏卧、头搁于两前肢之间，被毛粗乱，第三眼睑突出。当体温降低后预后不良。妊娠患猫可发生胚胎吸收、小产、早产或产后脑部发育不全的畸胎。

2. 预防

国产有猫瘟、狂犬二联苗可进行预防。英特威公司的"猫三联疫苗"，可以预防猫瘟、猫病毒性鼻气管炎、猫杯状病毒感染。使用方法是：猫 9 周龄时首免，12 周龄复免，以后每年加强免疫 1 次。

3. 治疗

可以采用与犬细小病毒性肠炎类似的方法进行治疗。

（八）蛔虫病

蛔虫病是指蛔虫寄生于犬、猫小肠引起的以卡他性胃肠炎为特征的疾病，常导致幼龄犬、猫生长发育不良，严重时甚至引起死亡。本病在全国各地普遍存在。

1. 症状

（1）食欲旺盛，但发育迟缓，渐进性消瘦，多有异嗜现象。

（2）间歇性腹泻，大便含有黏液，常随粪便排出蛔虫虫体，严重时表现血性腹泻。

（3）当宿主发热、妊娠或饥饿时，蛔虫可窜入胃内引起呕吐，并被呕出。

（4）虫体大量寄生，可造成肠阻塞或套叠，严重时引起肠破裂。

（5）幼虫在体内移行时，可引起肝炎或支气管肺炎的症状。

2. 预防

及时清除犬、猫粪便，保持饲养环境清洁卫生。仔犬于出生后 30 天开始驱虫，肉用犬、工作犬应 2 个月驱虫 1 次。母犬配种前应进行 1 次驱虫。观赏犬因饲养管理条件好，可春、秋两季各驱虫 1 次。

3. 治疗

投服左旋咪唑 10 毫克/千克体重，每天一次；投服丙硫咪唑或甲苯咪唑 25 毫克/千克体重，每天 1 次，连用 3 天；皮下注射伊（阿）维菌素 0.05~0.1 毫升。

（九）旋毛虫病

旋毛虫病是一种严重的人畜共患寄生虫病，至今已有 150 多种哺乳动物可以感染。旋毛虫成虫常寄生于猪、犬等动物小肠，引起胃肠炎，其幼虫寄生于同一宿主横纹肌内，引起疼痛、发热和呼吸困难等症状。人若摄食生的或未煮熟的患病动物肌肉，容易引起发病，甚至死亡。中国各地均有发生。

1. 症状

感染后 2~7 天，即当旋毛虫成虫寄生于肠黏膜的时期，患病犬、猫可出现卡他性肠炎或出血性肠炎症状，腹痛、腹泻，粪便混有黏液或大量血液；患病犬、猫肌肉疼痛，运动障碍，叫声异常，咀嚼吞咽困难，体温明显升高。

2. 预防

对饲喂犬、猫的肉食品或屠宰废弃物一定在煮熟后饲喂，同时对犬舍及周围环境灭鼠，并防止犬捕食其他野生动物。

3. 治疗

投服噻苯咪唑 25~40 毫克/千克体重，每天 1 次，连用 5~7 天，能驱杀肠道内的成虫和肌肉内的幼虫。治疗中为防止副作用，应适当配合使用地塞米松等抗过敏药。

（十）绦虫病

绦虫病是由绦虫纲所属的多种绦虫寄生于犬、猫小肠内引起的疾病，轻度感染时一般不显异常，严重感染时可引起患病犬、猫贫血、消瘦、腹泻等一系列症状。

1. 症状

轻度感染一般不显症状。幼龄犬、猫或重度感染时，常表现慢性卡他性肠炎，呕吐、腹泻，并随粪便经常排出扁平白色的绦虫孕卵节片，其中复孔绦虫的孕卵体节呈黄瓜籽或大米粒状（长 7 毫米，宽 2~3 毫米），其他绦虫的体节或孕卵节片一般呈四边形，长大于宽或宽大于长。此外，还可能表现渐进性消瘦，营养不良，食欲紊乱以及异嗜等。

2. 预防

预防本病存在一定困难，主要与犬采食生肉及畜禽内脏、猫喜捉鼠以及犬、猫体表容易携带跳蚤有关。所以，杜绝犬、猫摄食可能带有绦虫幼虫的中间宿主或未煮熟的畜禽脏器十分必要。此外，可每 3~4 个月驱虫一次，及时清除犬、猫粪便，保持饲养环境清洁卫生。

3. 治疗

目前首选吡喹酮，按 5~10 毫克/千克体重投服，连用 2~3 天；或投服丙硫苯咪唑 50 毫克/千克体重，每天 2 次，连用 5 天。

（十一）犬的保定

1. 口网保定

（1）适用范围：适用于一般检查和注射疫苗等。

（2）操作方法：用皮革、金属丝或棉麻制成口网，装着于犬的口部，将其附带结于两耳后方颈部，防止脱落。口网有不同规格，应依犬的大小选择使用。

2. 扎口保定

（1）适用范围：适用于一般检查、注射疫苗等。

（2）操作方法：用绷带或布条，做成猪蹄扣套在鼻面部，使绷带的两端位于下颌处并向后引至项部打结固定，此法较口网法简单且牢靠。

3. 犬横卧保定

（1）适用范围：适用于临床检查、治疗、注射疫苗等。

（2）操作方法：先将犬作扎口保定，然后两手分别握住犬两前肢的腕部和两后肢的跗部，将犬提起横卧在平台上，以右臂压住犬的颈部，即可保定。

九、兔病

（一）兔瘟

是一种急性败血、高度致死性传染病。

1. 诊断要点

传播快，潜伏期 1~3 天；死亡率高，不分年龄大小，临床上青年兔、成年兔因病情可分为最急性、急性、慢性三种。

（1）最急性型：多见于流行期，不出现任何症状突然死亡，病兔死前尖叫卧地，跳跃死亡，个别病兔从鼻孔中流出泡沫性血液。

（2）急性型：精神不振、厌食、体温高达 41℃以上。便秘腹泻交替发生，肛门松弛流出浅色脓样分泌物。表现侧卧，头向后仰，四肢挣扎，病兔出现症状后 1~2 天死亡，有的 12~45 小时鼻端有血等。

（3）慢性型：病兔精神沉郁，食欲减少，消瘦，体温 40℃左右，病程 3~5 天（1~3 天）死亡或耐过康复，但未死亡的兔只仍带菌，易感染其他兔只。

病兔剖解变化：可视黏膜充血、出血、瘀血、喉头器官内黏膜呈泡沫状，暗红色血癍；心、肝、肺、肾、脾瘀血肿大，有针尖大小出血点，肺脏呈鲜红色，肝软脆，膀胱积尿，尿液带血色。

2. 防治措施

本病无特效药治疗。应定期注射疫苗预防，兔瘟灭活病毒疫苗，皮下注射 2 毫升；注射后 5~7 天产生免疫力，免疫期为 6 个月。也可用兔瘟巴氏杆菌二联或兔瘟巴氏魏氏棱菌三联灭活疫苗接种，断奶兔皮下注射 1 毫升 60 日龄后补免一次，皮下注射 2 毫升，生长兔、成年兔每年预防注射 2~3 次。

（二）兔巴氏杆菌病

属急性、败血性传染病，以鼻炎症状为主要特征。

1. 诊断要点

多发生于春秋季，呈散发或地方流行，发病后如不及时采取措施，可造成全群覆灭。症状：急性，精神沉郁、不食、呼吸急促，体温升高到41℃，流浆液脓性鼻涕，有时发生下痢，1~3日死亡。临死时体温下降，全身颤抖，四肢抽搐，也有无明显症状而突然死亡的。亚急性，表现为肺炎和肠膜炎，呼吸困难，流黏液脓性鼻涕，打喷嚏。体温升高，食欲减退，有时腹泻，关节肿胀，眼结膜发炎，1~2周内死亡。慢性以上呼吸道卡他性炎症和斜颈为主要特征。流黏液化脓性鼻涕，还会引起中耳炎、中耳脓肿、结膜炎、角膜炎等。

2. 防治措施

预防：接种兔瘟巴氏二联苗或兔瘟巴氏魏氏棱菌三联苗，一年三次。治疗：用林可霉素肌肉注射，每千克体重0.1~0.2毫升，每日2次，连用3天，磺胺嘧啶每千克体重0.05~0.2克，每日2次，肌注或内服，连用5天。

（三）魏氏棱菌病

1. 诊断要点

1~3月龄幼兔发病率最高。精种沉郁，不吃食，排黑色水样或带血胶冻样粪便，有特殊腥臭味，体温不升高，水泻当天或次日死亡。

2. 防治措施

预防：接种兔瘟、巴氏、魏氏棱菌三联菌或接种魏氏棱菌单联苗。治疗：金霉素每千克体重20~40毫克肌注，每日2次，连用3日。

（四）大肠杆菌病

1. 诊断要点

多发生于20日龄及断奶前后的仔兔。病兔精神沉郁，食欲下降，腹部膨胀，水样腹泻，后肢和腹部被毛被黏液及黄色水样稀粪沾污。1~2日死亡。

2. 防治措施

预防：接种大肠杆菌病疫苗，1年3次。

治疗：用庆大霉素，每只兔5万单位，每日2次，肌注3~5天。干酵母1~2片内服，每日3次，连用3~5天，大肠杆菌灵饮水或灌服。

（五）肠道寄生虫病

1. 病因：由线虫、绦虫、吸虫、蛲虫引起。

2. 症状：患兔消瘦，生长缓慢，粪便上有时带虫、下痢。

3. 治疗：皮下注射伊维菌素 0.3 毫升，隔 7 天后再注射一次，或拌料饲喂伊维菌素粉。

（六）球虫病

断奶至 4 月龄幼仔兔易感染。感染球虫后死亡率极高，应重点预防，以提高成活率。

1. 病因：由艾美耳属的多种球虫寄生在兔的肠管或胆管的上皮细胞内引起的一种原虫病。

2. 症状：病兔消瘦，腹围增大，被毛枯焦，便秘拉稀交替出现，鼻子不干净、尿频、肠鼓气、膀胱积液、结膜苍白，有时黄染。

3. 预防：注射敌球锐克，饮用地克珠利，40 天以内的兔子每天口服氯苯胍一片，连服七日，停 1 月后再喂一个疗程。

4. 治疗：磺胺二甲嘧啶与二甲氧卡氨嘧啶，按 3:1 合剂 100 毫升/千克混饲料连喂 8 日；氯苯胍 300 毫升/千克拌料治疗。

（七）鼻炎

1. 症状：有脓性分泌物，严重时结痂，经常打喷嚏。

2. 治疗：

（1）用青链霉素滴鼻，1 天 2~3 次。

（2）严重时肌注林可霉素，有结痂时将结痂清除。

（3）大群发病时，水中加入环丙沙星饮用 3~5 天。同时环境连续杀菌 3 天（带兔），注意兔舍温、湿度的控制（投药时由防疫员指导）。

（八）便秘、不食

1. 症状：精神沉郁，不便、便小粪粒，不吃或很少吃料。

2. 治疗：

（1）饲喂青草或萝卜。

（2）肌注 VC 1 毫升+地米 1 毫升+板蓝根 2 毫升+庆大 8 万单位+复合

VB 0.5~1 毫升, 1 天 1 次, 注射 3 天。

（3）怀孕后期母兔慎用, 可用长效土霉素皮下注射 1 毫升, 同时肌注复合 VB 0.5~1 毫升。

（九）拉稀

1. 症状：拉稀粪、糊状粪、水样粪、胶冻样粪便。

2. 治疗：

（1）有食欲兔只, 注射痢菌净 2 毫升或庆大霉素 8 万单位, 1 天 2 针, 连用 2 天, 同时限量饲料, 添加干草, 用 2 天。

（2）小兔下痢有食欲, 肌注庆大 4 万单位, 1 天 2 次, 用 2 天。

（3）轻微下痢肌注VC 1 毫升+地米 1 毫升+板蓝根 2 毫升+庆大霉素 8 万单位+复合 VB 0.5~1 毫升, 1 天 1 次, 注射 3 天。大群发病数较多时, A. 控料：饲喂量减 50%。B. 水中投入氟哌酸等水溶性抗生素饮半天, 加入葡萄糖粉等饮半天, 之间饮 2 小时清水。C. 同时喂玉米秸秆草或开花紫花苜蓿或花后期紫花苜蓿。D. 兔舍加强杀菌, 注意温湿度控制。E. 病兔好转后饲喂量逐渐增加 2 天后加到正常量（投药时由防疫员指导）。

（4）无食欲, 脱水者无治疗价值。

（十）兔感冒

本病是一种由寒冷刺激引起的以发热和上呼吸道黏膜表层炎症为主的急性全身性疾病。

1. 临床症状

体温升高、耳鼻发凉、结膜潮红、怕光流泪、咳嗽、打喷嚏、流水样鼻液。

2. 治疗方法

（1）内服强力银翘片 1 片, 每日 2 次。

（2）肌注林可霉素+板蓝根

（十一）兔大肚病

以食入含水分过高或易发酵青料或含泥沙不清洁饲草引起的消化机能障碍疾病。

1. 症状：腹部膨大，拍打有水声，食欲减少。

2. 治疗：内服植物油 10~20 毫升或内服萝卜籽汁水每日二次；也可内服食母生 2 片，每日 2 次，连用 3 天。

（十二）中暑

因烈日曝晒、潮湿闷热、体热散发困难引起的急性病。

1. 症状：体温升高，食欲废绝，全身无力，呼吸、脉搏加快，手触有灼热感。

2. 防治：采用笼舍通风透光、冬暖夏凉，也可配备降温设施，供给充足饮水，用湿毛巾冷浸病兔头部，静脉放血 5~10 毫升，静脉输 5% 葡萄糖溶液 30~50 毫升，每日二次，连用二日。

（十三）难产

1. 病因：过肥、初产、缺乏运动，天气过热，慢性疾病。

2. 症状：呼吸困难，运动失调，抽搐，眼睛发蓝，流口水。

3. 治疗：注射催产素 5~10 单位；症状严重的另注 VC 1 毫升+板蓝根 2 毫升+地米 1 毫升+庆大霉素 8 万单位，同时用酒精擦耳朵。

（十四）仔兔黄尿病

1. 症状：仔兔肛门周围有黄色稀粪或后半身全被黄色稀粪污染，有腥臭味。

2. 治疗：

（1）仔兔初发时，给仔兔口中滴青霉素、庆大霉素都可，同时给母兔肌注磺胺嘧啶钠 2 毫升或青霉素 20 万单位，1 天 2 次，连用 2 天。

（2）发现有批量性发病时，给不发病的同期产仔母兔和初生母兔注射上列药物预防。

（十五）临床用药注意事项

1. 对症用药：在确诊病因和病源情况下，对症用药。

2. 检查药物效应：做到过期药物不用。

3. 正确用药：药物分为口服、肌注、皮下注射、静注几种，非静脉注射药物不得用于静注和滴注。

4. 用药剂量：严格依据说明书标准用药，极量药物切忌不能超量。

5. 用具、部位严格消毒。

6. 交叉用药：一个兔群用药一段时间后改用其他类药物，增加药物敏感性，减少抗药性。

7. 注射手法：皮下注射用一只手的小指、无名指夹住兔双耳，另外3个指头捏起兔耳后皮，形成三角，兔安静后另一只手持注射器，针头穿破皮即可注射。

肌肉注射一人操作时，大把抓住臀部皮，将兔倒置，在大腿外侧中部刺入肌肉注射。

（十六）兔常见病诊断治疗表，表4

表4　兔常见病诊断治疗表

兔表现的异常动作、外观、症状	可大概判断某病	治疗（治疗量以成年兔为参考）
弓背弯腰俯视肛门	便秘	运动加青草
高跷步四脚频换负重	脚皮炎	适时淘汰
斜颈	中耳炎	巴氏杆菌引起，无治疗价值
啃咬患处脚爪搔面部	疥螨	可用伊维菌素或三氯杀螨醇
母兔产后拒绝喂奶、哺乳小兔排黄便	乳房炎	用青霉素10万单位加鱼腥草4毫升，1次肌注，1天2次
吃食困难、流产	口腔炎	白矾和白糖等份研粉，涂口腔
眼结膜黄染腹泻、消瘦	球虫病	地克珠利饮水
腹蜷缩腹泻	胃肠炎	口服2~4粒氟哌酸
鼻炎后鼻中隔萎缩	波氏杆菌病	无特效药，预防为主
耳尖耳根都凉	寒证、病危	无治疗价值
青年兔群发生突然死亡、死前惊叫、角弓反张、口鼻出血	兔瘟	双倍量兔瘟苗紧急接种
幼兔接连死亡、解剖肺有出血斑和实质性病变	急性巴氏杆菌病	无特效药
兔食后出现大量瘫痪	霉饲料中毒	更换饲料
群兔食后普遍腹泻	饲料或水有问题	立即停水、停料检查
排透明胶冻状黏液便	大肠杆菌病	限量喂，加干草
母兔产后肢不能动	产后瘫	维丁胶性钙2支肌注，1天2次

（十七）兔三五八疫情监测法

所谓"三五八疫情监测法"，就是饲养员在平时的饲养过程中，要与兔场专业防疫人员共同做到的"三查""五看""八注意"的疫情监测办法。

1. 三查：就是查食量、查饮量、查粪便。

（1）查食量：吃食是动物是否健康的一个非常敏感的信号。许多疾病的最早表现就是从吃食不正常开始的。在正常情况下，兔对饲料的采食是非常积极主动的。一般情况下，定量投放的饲料兔都能在一定时间内吃完。如果未按时吃完或者未按定量吃完，就说明兔身体有不适的反应，应该马上隔离，做进一步的检查。这就是疫情监测中的食量目测法。

（2）查饮量：饮量也是兔机体变化中的一个非常重要的信号。特别是在饮量突然减少或增加的情况下，这种信号的提示价值更为重要。许多重大疫情往往是首先从饮量变化中发现的。

（3）查粪便：是兔消化系统功能是否正常直观的表现，在兔目前发现的 80 余种疾病中，有 30% 的疾病都可以从粪便的变化中反映出来。可见粪便目测的重要。

正常兔的粪便，从外观上看应该是粪球独立、大小适宜、松软适度、外观光滑、地点固定集中。

在观察中，如果发现兔粪便形状出现变化，如一头尖的梨形，两头尖的橄榄形，糊状、粥状、水样、血样、黏液样等，都说明兔的消化系统已出现异常，必须马上采取隔离措施进行进一步的检查。另外，虽然粪便形状正常，但粪便地点分布四周，甚至到处都是，这也是一种反常现象。这说明兔有烦躁不安的表现，也应迅速查明原因。以上内容就是疫情监测中的粪便目测法。

2. 五看：是指看兔的精神、食欲、五官、动作和被毛。

（1）看精神：一般要在清晨或傍晚最活跃的时候进行。正常情况下，兔精神饱满，双眼明亮有神，对外界应激反应灵敏，常保持警戒状态。有轻微的动静便立即抬头，并两耳竖立，转动耳壳。如果发现兔精神怠倦，反应迟钝，或高度敏感，兴奋异常，应马上进行隔离，做进一步的检查。

（2）看食欲：当饲养员每天清晨开始投料的时候，便可以发现健康的兔都是急着抢着来到兔笼前待喂食。表现出急欲采食的表情和动作，有的甚至用前爪扒爬笼栏。这时，你用眼一扫周围的兔笼，哪一只健康，哪一只异常，一眼就看出来了，凡是听到动静，争着到兔笼前等待喂食的都是健康兔，反之，就说明兔发生了异常，应送隔离室做进一步的检查。

（3）看五官：正常情况下，兔的五官应该是眼无眵、鼻无涕、口无涎、舌无火、耳无脓。颜面被毛洁净无污。如果发现眼有眵（或有泪）、鼻有涕（无论是清涕、黏液涕还是浓涕）、口有脓，都是异常的表现，都应该马上隔离，做进一步检查。

（4）看动作：当兔患某种疾病时，往往不自主地表现出一些动作，如抓挠、蹭痒、歪颈、转圈、弓背、视肛等等。凡出现异常动作的兔都应该进一步详细检查。因此，看动作也是早期发现病兔的一个重要方法。

（5）看被毛：正常情况下，兔的被毛干净而光泽，无脱毛、皮炎等情况。异常时兔被毛松散无光，皮肤出现水疱、红疹、红斑、丘疹等多种皮炎。如遇到此种情况，应及时隔离检查。

3. 八注意

（1）在兔舍听到特殊的声音时应注意、正常情况下，兔喜静，自己也是安静无声的。异常时会出现咳嗽、喷、鸣叫、躁动等情况。如听到异常的声响，应马上查明原因，如属病态，应迅速隔离做进一步检查。

（2）在嗅到特殊的气味时应注意，兔有病的时候有时会发出一些难闻的气味。如妊娠兔发生中毒酮血症（亦称妊娠中毒症）时，常呼出一种类苹果味。患魏氏杆菌病时，常先排出大量恶臭的气体。当嗅到这些气体时，应马上找病兔，及时隔离处理。

（3）在气温豁然发生变化时要注意，气温突变往往是兔病的诱因，特别是春秋两季。因此，每当天气突变的时候除了积极做好防范之外，另一个措施都是勤检查、勤观察。

（4）每次更换饲料后要注意，兔对饲料的适应性要求比较严格，每次变换饲料，如果不是渐进的就会导致肠道菌紊乱，出现不适的反映。所以在饲料更换期间特别注意。出现变化，及时处理。

（5）兔在改变环境后要引起特别的注意，兔对环境也十分敏感。每换一次环境，都有一个适应的过程，而这期间也最易患病。因此，对改变环境的兔要特别注意观察。

（6）幼兔断奶后1周内要特别注意，因为这是家兔最易患病、最易死亡的时期。对这一时期兔的护理必须尽心尽力，给予特别的关照。

（7）对新引进的兔要特别注意，新引进的兔子有时会是疫情传播的祸源，切不可麻痹大意，所以，兔新引进以后，不定期在隔离室内观察5周。在确认无病后，方可与兔群合养。

（8）在疫情流行期间要特别注意，特别是附近的兔场发生的疫情，一定要赶紧采取消毒预防措施，同时加强疫情的观察。以防止流行病在本兔场发生。

十、鹿病

由于鹿的药用价值较高，目前鹿养殖逐渐增多，有必要将鹿的常见疾病了解一下。

（一）难产

防治：加强对妊娠母鹿的科学饲养管理。并创造一个比较安静的分娩环境。发生难产，应及时助产。

（二）鹿胃肠炎

防治：注意饲料、饮水卫生，及饲料的突变等。用5%葡萄糖静注，静注液中可加入磺胺等注射液。

（三）瘤胃积食与急性瘤胃鼓胀

防治：停饲，但饮水不限。可静注氯化钠。急性瘤胃鼓胀；食道梗塞，治疗的较好办法是用套针放气。

（四）坏死杆菌病

防治：保持圈内卫生，设脚浴槽，内盛3%来苏儿，10%硫酸铜液，

3%高锰酸钾液等。

（五）仔鹿下痢

治疗：用土霉素粉、乳酶生、胃蛋白酶、维生素、次硝酸铋内服。

（六）仔鹿脐带炎

治疗：先用青霉素，链霉素肌注，服新诺明，局部用双氧水冲洗，然后涂碘酊或龙胆紫。如脐部坏死，可除去坏死组织及碎片，撒碘仿硼酸等量粉末。

（七）幼鹿佝偻病

防治：为预防本病，应在母鹿妊娠、哺乳期就应给予含维生素多的优质青绿饲料。鹿舍要干燥，阳光充足，鹿群宜小，并经常驱赶仔鹿群，增加仔鹿的运动量。用碳酸钙、骨粉或蛋壳粉混合饲喂，服鱼肝油，肌注维丁胶性钙。

第二部分　饲料青贮技术

一、全株玉米青贮技术

玉米青贮有玉米秸秆青贮和全株玉米青贮两种，与玉米秸秆青贮相比，全株玉米青贮刈割时间早，质地柔软，容易消化，消化率提高 10% 左右，尤其是淀粉含量高，能值高，具有较高的营养价值；且具有酸香味，适口性好。但全株玉米青贮一次性投入很大，成本是玉米秸秆青贮的 10 倍以上，制作中要切实把握好关键技术，确保青贮饲料的质量。

（一）青贮场地和青贮容器

1. 青贮场地应选在地势高燥，排水容易，地下水位低，取用方便的地方。

2. 青贮容器种类很多，有青贮塔、青贮壕（大型养殖场多采用）、青贮窖（有长窖、圆窖）、水泥池（地下、半地下）、青贮袋以及青贮窖袋等，养殖户要根据养殖及地方的实际情况选择不同的青贮容器。

（二）全株玉米的刈割

1. 刈割时间

把握好青贮玉米的刈割时间是控制好青贮质量的前提。

（1）玉米青贮收获过早，籽粒发育不好，淀粉含量低，能量低，营养损失严重；同时原料含水量过高，降低了含糖的浓度，则会使青贮酸败，表现为发臭发黏，奶牛不愿采食，减少采食量。

（2）玉米青贮收获过晚，虽然淀粉含量高但纤维化程度高，消化率差。装窖时不易压实，保留大量空气，有利于霉菌、腐败菌等的繁殖，导致发酵的质量差，而使青贮霉烂变质。

（3）最佳刈割时间，全株玉米青贮要在玉米籽实蜡熟期，整株下部有4~5个叶变成棕色时刈割。实践证明青贮玉米的干物质含量在30%~35%时，青贮效果最为理想。

2. 刈割高度

玉米青贮刈割高度通常在15厘米以上为好，有的连根刨起，带有泥土，这就会严重影响青贮的质量；由于玉米秸秆靠近根部的部分含木质素较高，质量很差。有资料显示，高茬刈割比低茬刈割中性洗涤纤维含量降低8.7%，粗蛋白含量提高2.3%，淀粉含量可提高6.7%，产奶净能可提高2.7%。

（三）玉米青贮铡碎长度

有效纤维能刺激牛羊咀嚼，咀嚼刺激唾液分泌，唾液中含有的缓冲物能保持瘤胃较高的pH值，较高的瘤胃pH值能提高纤维消化和维持正常的乳脂。如果铡的太短会导致刺激奶牛咀嚼有效纤维减少，容易发生瘤胃酸中毒。铡的太长，会影响青贮窖的压实密度，导致青贮变质。适宜的长度应当控制在2~3厘米左右。

（四）玉米青贮的调制

青贮发酵是一个难以控制的过程，发酵可使饲料的养分保存量降低；全株玉米青贮投入大，在制作时可添加青贮添加剂以改善青贮过程，提高青贮质量。

1. 发酵刺激物

包括微生物接种剂和酶等。

（1）微生物接种剂。青贮发酵很大程度上取决于控制发酵过程的微生物种类。纯乳酸发酵在理论上可保存100%的干物质与99%的能量。所以向青贮添加微生物接种剂以加速乳酸发酵而达到控制发酵，进而生产出优质青贮。有实验证明：接种青贮微生物饲喂奶牛对青贮干物质的采食量提高 4.8%，产奶量比对照组提高 4.6%。常用的青贮接种剂包括：植物乳杆菌、嗜酸乳杆菌、嗜乳酸小球菌、粪大肠杆菌等。

（2）酶添加剂。酶添加剂，包括单一酶复合物、多种酶复合物，以及酶复合物与产乳酸菌的混合物。纤维分解酶是最常用的酶制剂，这种酶可以消化部分植物细胞壁产生可溶性糖，产乳酸菌将这些糖发酵，从而迅速降低青贮的 pH 值，增加乳酸浓度，来促进青贮发酵，减少干物质的损失；同时植物细胞壁的部分降解有助于提高消化速度和消化率。

2. 发酵抑制物

丙酸具有最强抑制真菌活动的能力，它显著减少引起青贮有氧变质的酵母和霉菌；丙酸的添加量随玉米青贮的含水量、贮藏期以及是否与其他防霉剂混合使用而变化，添加量过大也会抑制青贮发酵。丙酸具有腐蚀性，在实际生产中常用其酸性盐，如丙酸氨、丙酸钠、丙酸钙。

3. 养分添加剂

主要是氨和尿素等。添加氨和尿素可以使青贮的保存期延长，增加廉价的蛋白质，减少青贮中蛋白质的降解，减少青贮过程中发霉和发热。添加氨和尿素必须在青贮过程中喷洒均匀，添加量应根据玉米青贮干物质含量的不同而变化，含水量越少添加量越高，适宜添加量是氮2.3~2.7 千克/吨，35%干物质的青贮；氮 2.0~2.3 千克/吨，30%干物质的青贮。注意干物质超过 45%的青贮不要添加氨和尿素，较干的原料会限制发酵，会使正常的发酵中断。

（五）装窖

1. 青贮窖的深度

青贮窖的深度要考虑地下水位限制、考虑取料方便、易于排水管理等因素，半地下青贮窖适合小型规模养牛场。青贮窖地下部分深度应在 2 米以内，地上部分要保证 1 米以上。青贮窖距地下超过 2 米，取料就会困难。

2. 青贮窖的宽度

青贮窖的宽度应当取决于取料速度或养殖规模，每天至少取料在 15 厘米以上。青贮窖宽度小，装填、密封快速，可以促进更快更好的发酵；取料面小，易于管理，干物质损失少，二次发酵的机会就少，能保证奶牛每天吃到新鲜的青贮饲料。

3. 玉米青贮的密度

制作青贮必须压实、封严，达到一定的密度。采用渐进式楔形方式青贮，每装填 20~30 厘米用重型机械进行压实；在青贮原料装满后，还需继续装至原料高出窖的边沿 50 厘米左右，然后用塑料薄膜封盖，再在上面用泥土压实，泥土厚度 30~40 厘米，使窖顶隆起。这样会使青贮原料中空气减少，提高青贮质量。质量好的全株玉米青贮密度应达到每立方米 200~250 千克干物质。

4. 装窖时间

玉米青贮一旦开始，就要集中人力、物力，刈割、运输、切碎、装窖、压实、密封要连续进行。快速装窖和封顶，可以缩短青贮过程中有氧发酵的时间；并且装窖要均匀、压实，可以提高青贮饲料的质量。

5. 青贮窖的维护

随着青贮的成熟及土层压力，窖内青贮料会慢慢下沉，土层上会出现裂缝，出现露气，如遇雨天，雨水会从缝隙渗入，使青贮料败坏。有时因装窖内踩踏不实，时间稍长，青贮窖会出现窖面低于地面，雨天会积水。因此，要随时观察青贮窖，发现裂缝或下沉，要及时覆土，以保证青贮成功。

6. 开窖时间

青贮原料必须经过一定时间的发酵才能充分完成青贮过程。发酵过程首先是酵母菌、醋酸菌、霉菌、腐败菌等需氧微生物生长繁殖。酵母菌分解糖类产生乙醇、二氧化碳等；醋酸菌将乙醇转化为醋酸；霉菌分解纤维性物质、糖和乳酸，产生有毒有害物质；腐败菌分解蛋白质、氨基酸、使青贮腐烂，以上几种微生物破坏营养物质，产生不良的气味和苦味，降低青贮的质量。在青贮窖只有氧气消耗完后，厌氧的乳酸菌、梭状芽孢杆菌开始活动，乳酸菌利用可溶性糖产生乳酸；芽孢杆菌不耐酸，可使糖、有机酸、蛋白质发酵产生丁酸、氨等难闻气味。青贮微生物的发酵过程需要一定的时间和发酵条件，要做好玉米带穗青贮，必须尽快满足乳酸菌的发酵，控制非乳酸发酵的时间和条件。青贮饲料封窖后，一般经过40~50天就完成发酵，之后可开窖取用。

（六）青贮饲料品质的感观检测

1. 颜色

优良的青贮料颜色呈青绿或黄绿，有光泽，近于原色。中等品质的青贮料颜色呈黄褐或暗褐色。劣等品质青贮料呈黑色、褐色或墨绿色。

2. 气味

优良青贮料具有芳香酸味。中等品质青贮料香味淡或刺鼻酸。劣等青贮料为霉味、刺鼻腐臭味。

3. 质地与结构

优良青贮料柔软，易分离，湿润，紧密，茎叶花保持原状。中等品质青贮料柔软，水分多，茎叶花部分保持原状。劣等青贮料呈黏块，污泥状，无结构。

（七）青贮饲料制作成败的关键

1. 原料要有一定的含水量

一般制作青贮的原料水分含量应保持在65%~75%，低于或高于这个含水量，均不易青贮。水分高了要加糠吸水，水分低了要加水。

2. 原料要有一定的糖分含量

一般要求原料含糖量不得低于1%~1.5%。

3. 青贮时间要短

缩短青贮时间最有效的办法是快，一般青贮过程应在3天内完成。这样就要求快收、快运、快切、快装、快踏、快封。

4. 压实

在装窖时一定要将青贮料压实，尽量排出料内空气，尽可能地创造厌氧环境。在生产中经常忽视这点，应特别注意。

5. 密封

青贮容器不能漏水、露气。

二、全株小麦青贮技术

（一）基本要求

堆贮地址选择在地势较高、地下水位较低、排水方便、无积水、土质坚实、制作和取料方便的地方。

1. 水泥地坪

高出地面 15~20 厘米，混凝土厚度不低于 30 厘米，地面坡度 2°~3°。面上抹平，做防水处理。四周挖排水沟。

2. 泥土地坪

用水洒湿，平整压紧，压实，四周挖排水沟。使用时铺厚度 120 微米以上的塑料膜。

3. 地面堆贮规格

高度 3~7 米，长度 30~40 米，宽度 2~10 米。

（二）贮前准备

1. 清理窖内杂物，消毒，铺膜。窖壁覆盖聚乙烯隔氧膜，厚度 80~100 微米。墙体膜在对接处相互重叠覆盖达到 1 米以上，地面留出至少 50 厘米用来包裹青贮底部。每侧墙体膜长度（米）=窖高+3.5 米+（窖宽/2）

2. 检修青贮用机械设备，使其运行良好。

（三）青贮制作

1. 小麦品种：干物质产量高、抗倒伏、适合当地播种。

2. 适宜收获期：乳熟中期–蜡熟早期，干物质含量为 25%~35%；最佳收获期为乳熟后期–蜡熟早期，扬花后 2~3 周收割。小麦穗的最上端小麦籽粒呈黏稠乳白色，干物质为 30%~35%。

3. 小麦刈割：留茬高度不低于 15 厘米，不得带入泥土等杂物。

4. 切碎：切割长度为 3~4 厘米。

5. 装填与压实

（1）窖贮装填原料迅速，从小麦刈割到封窖，时间不超过 36 小时，其中切碎到进窖时间不超过 4 小时。

（2）窖贮原料由内到外呈楔形分段装填。坡面压实，坡面仰角30°。原料每装填一层，压实一层，装填厚度不超过 15 厘米，宜采用压窖机或其他轮式机械压实。

（3）堆贮四周坡面压实，呈弧形，坡面角度不超过 30°，高:底边 ≈ 1:5~1:6。

（4）压实密度不低于 650 千克/米³。

6. 青贮添加剂使用

在卸料、推压后和封窖前喷洒促进乳酸菌发酵的青贮添加剂。

7. 裹包或密封

（1）窖贮时，坡面封口技术处理窖尾。粘合两侧窖壁的塑料布，形成密闭环境。上层覆盖黑白膜（白面向上）。用夹层封窖技术，防冰冻、鼠害、鸟害。

（2）堆贮封窖，先铺一层透明膜，两边各延伸 50 厘米，再覆上黑白膜(白面向上)，两边各延伸 1 米，最后再压上镇压物。

（3）裹包青贮时，打捆后应迅速用厚度 25 微米以上的聚乙烯拉伸膜裹包 6 层以上，压实密度不低于 600 千克/米³。

（四）贮后管理

1. 窖贮、堆贮：经常检查青贮设施密封性，及时补漏。顶部出现积水及时排除。

2. 裹包青贮：避光保存在地面平整、排水良好、没有杂物和尖物的地方，经常检查包膜，破损及时修补。

（五）取饲

1. 封窖 40 天后开始取饲。

2. 根据饲喂量取用，从上向下取料，每次青贮截面的取用深度不低于 30 厘米，保持取用面平整。

3. 取料时防止曝晒、雨淋。

三、苜蓿裹包青贮技术

1. 优质苜蓿青贮的三要素

成功制作苜蓿青贮需要掌握三大要素，首先是苜蓿的成熟度，其次是苜蓿的水分，最后实现厌氧环境。

2. 苜蓿青贮成熟度与收割

建议苜蓿的成熟度在初花期，即田间苜蓿植株茎秆上只有一朵花开放，如果植株中单个茎秆上有两朵花开放，意味着已进入盛花期。当年新建植苜蓿首次收获在初花期；往年已建植成功的苜蓿首次收获在现蕾晚期至初花期收获，其他茬次在现蕾晚期至初花期收获。总之，为了收到高品质苜蓿，为了饲喂牛羊，建议最好在初花期大田中收获完成，即在未见到花时收获。

根据收获间隔，现代苜蓿品种一般在头茬收获后不超过 1 个月进行下一茬收获；但最后一茬收获需要气温在 -2℃ 前苜蓿有 45 天的生长期，以积累养分，便于苜蓿越冬，极端情况是在苜蓿遭遇霜冻时（0℃）马上进行收割，后期随气温回升，仍可以让苜蓿的根积累足够的养分供越冬。

一般中国绝大多数地区往年已建植成功的苜蓿每年收获 4 茬为宜，陕西中部、河北中部可以实现 5 茬收获；甘肃、内蒙古尽可能由每年收获三茬向每年收获四茬转变，这需要从品种选择改变做起，一般建议选用 4 级、5 级秋眠级二级越冬指数以下品种为宜。中国很多人认为，增加越冬成活率选用 3 级秋眠级苜蓿，其实是误区，当代品种秋眠级与越冬指数已经分离，目前 6 级秋眠级一级越冬指数的苜蓿品种也早已出现。

苜蓿收获第一步是割倒，目前最普遍使用的是盘式割草机，往复式及鼓式割草机使用较少。制作苜蓿半干青贮和苜蓿干草，均建议采用带压扁设备的割台进行收割作业，以快速降低水分。辊式压扁器不易损伤苜蓿叶片，飞刀式压扁器主要针对禾本科草，不建议在苜蓿收获中使用。

留茬高度建议在 6~8 厘米，现代盘式割草机可以实现更低的留茬高度，但过低的留茬高度往往会造成灰分含量高，过低留茬带来的土传的病菌和孢子，不利于苜蓿的良好发酵。苜蓿再生长从生长点开始，而不是从留茬处长起，低留茬不会影响苜蓿再生长，主要是影响质量。

3. 苜蓿草的干物质与摊晒

苜蓿青贮更适宜做半干青贮，制作常规水分苜蓿青贮会大大提高苜蓿青贮制作的成功率。

发酵系数(FC)=干物质(DM)+8×糖分(WSC)/缓冲能力(BC)，苜蓿的缓冲能力(使 pH 降低到稳定 pH)高，数值为 7.4（而青贮玉米的缓冲能力值为 3.2，燕麦草的缓冲能力值在 5.5）。

35% 干物质、6.5% 糖分的苜蓿的发酵系数=35+8×6.5/7.4=42。

45% 干物质、8% 水溶性碳水化合物的苜蓿的发酵系数=45+8×8/7.4=54。

发酵系数越大越好，低于 35，不易发酵成功，50 以上就极为容易发酵成功。

因此苜蓿割倒后最好在田间晾晒 2~3 小时，通过牧草近红外水分检测仪（或微波炉）测定水分小于 60% 再开始粉碎裹包（或窖贮）。

晾晒时间长短主要取决于光照和风吹。早期（水分 80%~65%）苜蓿草茎秆水分主要通过茎秆纵向快速脱水，茎秆中 35% 的水分通过叶片气孔开放移出水分，而叶孔一般只在阳光下开放，阴影下多数闭合，只有暴露在外的才开放，因此宽幅摊铺极为重要。

建议摊铺宽度为收割机割幅的 72% 以上，最低 60% 以上为好。

苜蓿草水分从 65% 到 40% 萎蔫过程，主要通过压扁机压扁的茎秆横向辐射将水分丧失，苜蓿半干青贮一般可以早上收获，傍晚完成裹包；下午收获，第二天清晨完成裹包。

4. 苜蓿搂草

常用的搂草机是指轮式搂草机，因为成本低。它通过与地面接触摩擦力来转动，因而国内苜蓿收获的灰分一般较高。

目前国际市场上有转轮式搂草机和转盘式搂耙机，均不接触地面，因而可大大减少灰分，提高苜蓿草质量。

5. 苜蓿草粉碎与打捆

为了更好提高打捆密度，也方便牧场使用，建议切碎后再进行打捆。切碎再打包，密度可增加 5%~10%，建议裹包青贮的密度为每立方米鲜重 500 千克以上（干物质密度 250 为好，不低于 200 千克干物质），最好在 600 千克/米³以上。建议的青贮切割长度在 14~19 毫米，19 毫米以上部分比例不高于 20%。国内牧场饲料贮藏地与牛舍距离较远，可以应牧场要求将切割长度略微放长到 15~25 毫米，太长并不好，会引起奶牛挑食，粗饲料长短不是引起奶牛瘤胃酸中毒的原因，担心切的过短会导致奶牛瘤胃酸中毒，是错误的认识。奶牛瘤胃酸中毒主要是由过多饲喂精饲料有关，1.18 毫米振动筛以上的粗饲料、4.75 毫米以上手动宾州筛上的纤维都是物理有效纤维，均可以促进瘤胃反刍，增加唾液分泌，减少过多精料可能招致的瘤胃酸中毒。

粉碎苜蓿裹包青贮相比未粉碎，可促进青贮发酵，提高消化率，苜蓿青贮质量更好。

为了制作优质苜蓿青贮，粉碎打捆时水分控制是苜蓿草制成功最重要的环节。对已割倒但担心即将下雨，65%水分可以开始打捆，最佳水分在 60%开始，越接近 50%水分越好，最晚水分低于 40%前晾晒打捆完成，均可实现较好的苜蓿青贮发酵。

青贮发酵剂在青贮封窖前、封窖后、开窖后三个阶段均起到关键作用，整体提升青贮制作水平与品质。

粉碎时喷洒青贮乳酸菌，根据每天每台收获机（粉碎机）的作业亩数（收获青贮吨数）来添加当天需要的青贮剂量。用水量和稀释倍数可根据喷头喷水量来定，一般按每吨苜蓿 500 毫升水来稀释喷洒。青贮添加剂可使苜蓿青贮在 7 天内 pH 值降低到 4.5 以下，特别是在前四天可大量生产乳酸菌，主导青贮发酵，减少养分损耗，可制作出优质的苜蓿青贮。

如果各项操作正常，不添加苜蓿青贮添加剂，制作的苜蓿青贮也不会出现腐败，但因为苜蓿青贮一般糖水化合物含量不足以达到良好发酵所要求的最低糖分，因此添加青贮乳酸菌对苜蓿青贮而言，做成功的概率会大大提高。

即 60%~40%的水分（40~60 干物质），是制作苜蓿裹包青贮（也是苜蓿窖贮）的最佳水分。

打捆机一般为圆形，过去有大方捆包，目前国内很少见，因为不便于制作苜蓿青贮。包裹一般是 1.22 米(直径)×1.22 米(长度/宽度)。也有可变腔体裹包机，可进行直径 92~152 厘米各种类型的裹包。

新手在打捆时，应循序渐进，先学会打捆方法，然后再进行大规模正式作业，根据每天打捆数量，来制定相应的收割计划。没有熟练掌握打包技术，不要将苜蓿大面积割倒。先小批量练习，熟悉一两天，稳定打包作业工序后，再开始规模化收获作业。

6. 苜蓿草捆缠膜裹包

多数均为单个包进行裹包，大多数是单独的裹包机。个别裹包机和打捆机是在一起的。多数捡拾粉碎机只是普通青贮玉米收获机更换牧草割台。裹包机一般每年打包超过 100 个，裹包机的投入就是值得的。每个工人每小时可裹 25~30 个包。

裹包作业选好膜，按机械规程作业即可。一般厚膜比薄膜好，伸缩度可达到 50%~55%，新型的防紫外线、减少氧气透过率的膜更好。可咨询原杜邦公司分出去的科慕公司，他们已开发了新型青贮膜。

四、青贮饲料变质原因及解决方法

青贮饲料醇香多汁、营养丰富、消化利用率高、来源丰富、适口性好、价格低廉且能实现常年均衡供应。因此青贮饲料是养殖户解决冬、春季节饲料短缺的主要途径。但有些养殖户青贮的饲料或饲草会出现不同程度的腐败变质现象，青贮料变质的原因和解决办法分析如下：

（一）薄层状或片状腐败变质的现象

有些青贮料槽打开，横断面中会出现间隔的薄层状或间隔的小片状霉变现象。造成这样的现象有这几点原因。

1. 原料填压不实，残存氧气，延长植物细胞的呼吸作用，同时热量积累，致温度过高，养分损失加大，抑制乳酸菌等有益微生物的活动，以致降低青贮饲料的口味和质量。

2. 制作青贮的过程中将霉变或带泥土的饲草或秸秆混入其中。

3. 青贮原料中的含糖量低。

4. 青贮原料中含水量不适。

要避免以上霉变腐败现象，有以下几点需要注意：

1. 青贮料的质量还决定于原料切碎与压紧的程度，原料切短是为了压得紧实，最大限度地排除窖内的空气，给乳酸菌发酵创造条件。青饲料切得短，汁液流出多，为乳酸菌提供营养，以便尽快实现乳酸发酵，减少原料养分的损耗。

2. 严禁霉变饲草秸秆和带泥土饲草秸秆进入青贮池。

3. 调节原料的含糖量，即水溶性碳水化合物的含量，一是降低原料含水量，使糖分含量的相对浓度提高 ；二是直接加一定量的糖蜜；三是与含糖分高的饲料混合青贮 。

4. 在制作青贮饲料的装填过程中首先要调节好原料的含水率，含水率太高，调制的青贮酸度大，开窖后极易变质腐烂；含水率太低，原料太干不易压紧，容易霉变。优质青贮一般要求含水率 60%~75%。

（二）青贮窖四角、四边或窖顶出现腐败现象

这种霉变的原因是装填过程中窖的四角、四边没有压实或密封后塑料膜和饲草之间留有一定空间造成的。要避免出现这种现象，装填过程中，窖的各个方向都要压实，密封前在饲草界面上加倍喷洒青贮添加剂，也可以密封后在塑料膜上面用土压实。

（三）开窖后青贮饲料变质的问题

造成这种现象的原因是"二次发酵"所致。"二次发酵"指经过乳酸发酵后的青贮料，在开窖后因为环境改变，引起发酵。正常保存的青贮料是依靠厌氧条件和乳酸发酵后的特殊环境才能长期保持完好。一旦开启打破了厌氧条件，暴露在空气中的青贮饲料就会升温、变质。

预防出现"二次发酵"的办法：青贮前控制好原料的含水量，将水分高的原料晾晒，使尽快蒸发水分，达到含水率 60%~70%，经过这样加工的青贮料，开启后较少发生二次发酵或发生的程度轻；启窖后分层取用，每天挖取暴露在表面层厚度 30 厘米以上的饲料，挖后的表面要整齐，不可乱挖，防止大量空气进入窖内；使用青贮添加剂，在青贮料开启后产生抑菌的作用，减轻再次发酵，防止青贮料营养和干物质损失。

乳酸菌可分为同型发酵和异型发酵两种菌。同型发酵菌将葡萄糖经过糖酵解作用生成乳酸，而异型发酵产物除了乳酸外还有乙醇、醋酸和二氧化碳等，相对而言，同型发酵更能够充分利用营养成分，减少了营养损失，所以在选择醋酸菌青贮发酵菌种时应选择同型发酵菌种。同型发酵菌种主要有：植物乳杆菌、乳酸片球菌、戊糖片球菌、酪蛋白乳杆菌、粪链球菌等，异型发酵菌种主要有：短乳杆菌、布氏乳杆菌和葡聚糖明串珠菌等。

高品质青贮的关键是原料、制作技术、微生物青贮添加剂。青贮传奇公司针对国内现有青贮水平量身定制混合型微生物青贮添加剂，由植物乳杆菌 550、植物乳杆菌 360、布氏乳杆菌 225 按特定比例混合。植物乳杆菌 550 特点是产乳酸能力强，快速降低 pH 值，抑制青贮中霉菌、腐败菌的活动；植物乳杆菌 360 可有效抑制丁酸菌活动，避免青贮丁酸发酵，提升青贮品质；布氏乳杆菌 225 可提高开窖后的有氧稳定性，降低青贮接触空气后造成的能量损失。

五、青贮饲料添加剂种类及使用建议

依据青贮的原理，乳酸菌利用材料中的可溶性糖厌氧发酵形成乳酸，抑制有害菌生长，可长期保存青绿饲料。青贮添加剂的主要目的是：保证发酵过程中乳酸菌的优势地位，以获得储存良好的青贮饲料，在青贮添加剂的研究历史上，主要在 20 世纪 80 年代，出现许多技术革新和突破，人们除了发酵控制的研究，改善产品营养也得到重视。

（一）青贮添加剂的种类

1. 发酵促进剂

关于乳酸菌作为青贮添加剂最早在 20 世纪初出现，随后对青贮饲料乳酸菌接种剂做了深入的研究，得出优秀的乳酸菌青贮饲料接种剂要满足以下几点：

（1）生长旺盛，能在青贮饲料中占优势。

（2）具备同型发酵能力，减少干物质损失。

（3）能够耐酸，以便抑制其他微生物的生长。

（4）能够使用葡萄糖、果糖、蔗糖、聚果糖和戊糖。

（5）具备一定的生长温度，范围可以扩展延伸到50℃，同时在一些特殊条件下，还应该具备特有的优势。比如低水分材料上使用、低温条件下使用等，需要通过专门筛选得到适合的乳酸菌接种剂，目前市场上商业制品主要为植物乳杆菌、嗜酸乳杆菌、布氏乳杆菌、乳球片球菌等，每类乳酸菌生理特点有所不同，商业制品会 2 种或者 3 种同时添加使用。目前市场上供选择的商业制品虽然很多，但产品差异大，需要做更多的对比研究。

2. 发酵抑制剂

最早使用的发酵抑制剂是无机酸，主要是盐酸、硫酸和磷酸，要调节pH 值为 3.6，才可以抑制大部分微生物活动，但无机酸使用会使动物适口性下降，随后使用甲酸作为青贮添加剂，主要有三个方面的作用，一是降低pH 值；二是不同浓度特异性抑菌，pH 值低于 4 抑菌效果好；三是降低植物的呼吸作用。乙酸作为添加剂和甲酸类似，但其含量高，影响动物的干物质采食量，所以应用较少。苯甲酸作为添加剂，主要利用其抗菌的性质，丙烯酸兼具降低 pH 值和抗菌特性。甲醛主要作用是抑菌和保护蛋白免受瘤胃微生物分解，添加量一般为 4~5 升/吨，但对采食量有影响，加盐制作腌菜，很早人类就有经验，但加盐的效果不明显，无论是发酵质量和减少损失，以及干物质采食量都与不加盐处理青贮相似，另外添加量小对霉菌抑制作用也不明显。

3. 好氧变质抑制剂

丙酸的主要作用是有效的抗霉菌，另外具备抑制部分酵母菌活动和减少氨态氮产生的作用。丙酸作为谷物防霉剂已经广泛使用，在青贮好氧上也有良好效果，在添加 2~3 千克/吨青贮饲料上，都得到青贮饲料好氧状态下比较稳定的结果。在青贮饲料品质差的情况下，好氧稳定性较好，主要存在丁酸、异戊酸等高级挥发性脂肪酸。山梨酸对霉菌和酵母的抑制作用非常强，在食品工业已经广泛使用，但成本高，没有在青贮饲料上使用。

4. 营养型添加剂

营养型添加剂主要目的是，有助于采食青贮饲料家畜的营养需要，其中前部分提到的 WSC 来源发酵促进剂也属于这类，比如糖蜜、谷物等，尿素和氨都提供氮源，增加粗蛋白、真蛋白以及游离氨基酸和氨，但氨气气味较浓，在一些肉牛场偶尔有制作的氨化青贮饲料。目前农场主要使用的青贮饲料添加剂为乳酸菌和有机酸，各有优势，在不同的材料和情况下，针对性使用可以得到较好的青贮品质，当然也包括乳酸菌和有机酸在一定情况下的联合使用。

(二) 青贮添加剂使用建议

青贮添加剂的目的是：保证发酵过程中乳酸菌的优势地位，以获得储存良好的青贮饲料。影响牧场制作青贮饲料的发酵质量，与许多因素有关，选择时要把所有因素考虑进来。对于全株玉米青贮饲料，干物质大于28%，青贮制作规范，同时青贮窖设计合理，开封后每天吃料进深大于50 厘米，一般选择促进发酵的乳酸菌就好，同型发酵乳酸菌能量损失小，发酵产乳酸较多，提高了动物的适口性。而裹包全株青贮，只需要添加促进发酵的乳酸菌。对于北方的玉米秸秆，在加入促进发酵的乳酸菌的同时添加 WSC，制作青贮的效果会更好，至于添加哪种 WSC，要因地制宜选择价格合理的原料添加；对于南方的甜玉米秸秆，如果青贮窖设计合理，添加促进发酵的乳酸菌即可，当然有条件再添加一些可以提高干物质的材料则更好。

对于燕麦、苜蓿制作，可以选择添加促进发酵的乳酸菌、有机酸，每吨新鲜原料添加乳酸菌的活菌含量要大于 2000 亿 CFU，有机酸是弱酸，降低 pH 效果不明显，有机酸主要作用是可以抑菌防霉，但效果是否会延伸到瘤胃，目前没看到报道。对于南方高温制作青贮饲料和北方低温制作青贮饲料，需要添加耐受高温和低温优势比较明显的菌株，这方面的研究已经报道过，商品化的产品在南方牧场已使用多年，使用效果比较理想，对青贮发酵品质的提升较好。对于青贮饲料使用较慢，每天用料进深小于 30 厘米；放置周期较长的情况，可以使用异型发酵菌，比如布氏乳杆菌，其发酵产生的乙酸是目前大家认识到的，可以抑制好氧变质的主因。也有报道是因为其产生更长碳链的有机酸，对酵母菌抑菌明显，所以选择布氏乳杆菌同样要关心其菌株，不过其主要产生的乙酸会降低动物的适口性，解决好氧变质的最好的方法就是，设计一个合理的青贮窖，让每天吃料进深大于 50 厘米。对于酶制剂的使用，在部分材料上有必要，比如甘蔗渣、皇竹草、苜蓿草，因其提供到乳酸菌利用的 WSC 较少，不过酶制剂产品要清楚其酶系来源，以及最适 pH 和酶活单位等。青贮乳酸菌接种剂使用主要是两点；一是要看乳酸菌的菌株，是否经过详细地研究论证和牧场使用情况的反馈；二是要看乳酸菌的活菌含量，至少每吨新鲜材料添加乳酸菌活菌含量大于1000 亿 CFU。

对于有机酸的使用，由于其作用机理为好氧条件下，抑制霉菌和酵母菌，所以优先针对好氧情况，比如较长时间青贮收割转运过程，对其过程暴氧部分进行使用，也可全部青贮饲料添加，这部分主要是针对一些更难调制青贮的材料，比如苜蓿青贮的调制。

综上所述，依据青贮原理和青贮添加剂的使用目的，为了青贮原材料营养不减少和流失，最大化的在动物生产上发挥作用，使动物适口性和采食量方面有所提高，采用增加乳酸的产量，提高乳酸在总算中的比例，可以使发酵乳酸菌发挥的作用更大。